高等教育工业设计专业系列教材

空间·设施·要素
Space·Facilities·Element

环境设施设计与运用

杨小军　蔡晓霞　编著

中国建筑工业出版社

图书在版编目(CIP)数据

空间·设施·要素 环境设施设计与运用/杨小军，
蔡晓霞编著.—北京：中国建筑工业出版社，2005
（高等教育工业设计专业系列教材）
ISBN 7-112-07214-X

Ⅰ.空... Ⅱ.①杨... ②蔡... Ⅲ.环境设计-高等学校-教材 Ⅳ.TU-856

中国版本图书馆CIP数据核字（2005）第012605号

责任编辑：李晓陶　马　彦　李东禧
正文设计：徐乐祥　杨小军
责任设计：廖晓明　孙　梅
责任校对：王雪竹　王金珠

高等教育工业设计专业系列教材
空间·设施·要素
Space · Facilities · Element
环境设施设计与运用
杨小军　蔡晓霞　编著

*

中国建筑工业出版社出版（北京西郊百万庄）
新华书店总店科技发行所发行
北京建筑工业印刷厂印刷

*

开本：787×960毫米　1/16　印张：9¼　字数：250千字
2005年4月第一版　2006年7月第二次印刷
印数：3,001—4,500册　定价：38.00元
ISBN 7-112-07214-X
TU·6442（13168）

版权所有　翻印必究
如有印装质量问题，可寄本社退换
（邮政编码 100037）
本社网址:http://www.china-abp.com.cn
网上书店:http://www.china-building.com.cn

总　序

自1919年德国包豪斯设计学校设计理论确立以来，工业设计师进一步明确了自身的任务和职责，并形成了工业设计教育的理论基础，奠定了工业设计专业人才培养的基本体系。工业设计始终紧扣时代的脉搏，本着把技术转化为与人们生活紧密相联的用品、提高商品品质、改善人的生活方式等目的，在走过的近百年历程中其产生的社会价值被广泛关注。我国的工业设计虽然起步较晚，但发展很快。进入21世纪之后，工业设计凭借我国加入WTO的良好机遇，将会对我国在创造自己的知名品牌和知名企业，树立中国产品的形象和地位，发展有中国文化特色的设计风格，增强我国企业和产品在国际国内市场的竞争力等等方面起到特别重要的意义。

同时，经过20多年的发展，我国的设计教育也随之有了迅猛的飞跃，根据教育部的2004年最新统计，设立工业设计专业的高校已达219所。按设置有该专业的院校数量来排名，工业设计专业名列工科类专业的前8名，大大超过了绝大多数的传统专业。如何在高等教育普及化的背景下培养出合格、优秀的设计人才，满足产业发展和市场对工业设计人才的需求，是我国工业设计教育面临的新挑战，也是设计教育发展和改革需要深入研究和探讨的重要课题。

近年来，工业设计教材的编写得到了高校和各出版单位的高度重视，国内出版的书籍也由原来的凤毛麟角开始转向百花齐放，这对人才培养的质量和效果都起到了积极的意义。浙江省由市场经济活跃、中小企业林立而且产品研发的周期较快，为工业设计的教学和发展提供了肥沃的土壤。浙江地区设置工业设计专业的高校就有20多所，因此，为工业设计教学的发展作出自己的努力是浙江高校义不容辞的责任。在中国建筑工业出版社的鼎力支持下，我们组织出版了这套高等教育工业设计专业系列教材，希望对我国工业设计教育体系的建立与完善起到积极的作用。

参与编写工作的老师们都在多年的教学实践中积累了丰富的教学心得，并在实际的设计活动中获得了大量的实践经验和素材。他们从不同的视点入手，对工业设计的方法在不同角度和层面进行了论述。由于本系列教材的编写时间仓促，其中难免会有不足之处，但各位编著者所付出的心血也是值得肯定的。我作为本套教材的组织人之一，对参加编辑出版工作的各位老师的辛勤工作以及中国建筑工业出版社的支持表示衷心的感谢！

潘　荣

2005年2月

编 委 会

主　编：潘　荣　李　娟

副主编：赵　阳　陈昆昌　高　筠　孙颖莹　雷　达　杨小军
　　　　　林　璐　李　锋　周　波　乔　麦　于　墨　(排名无先后顺序)

编　委：于　帆　林　璐　高　筠　乔　麦　许喜华　孙颖莹
　　　　　杨小军　李　娟　梁学勇　李　锋　李久来　陈昆昌
　　　　　陈思宇　潘　荣　蔡晓霞　肖　丹　徐　浩　蒋晟军
　　　　　阚　蔚　朱麒宇　周　波　于　墨　吴　丹　李　飞
　　　　　陈　浩　肖金花　董星涛　金惠红　余　彪　陈胜男
　　　　　秋潇潇　王　巍　许熠莹　张可方　徐乐祥　陶裕仿
　　　　　傅晓云　严增新　(排名无先后顺序)

参编单位：
　　　　浙江理工大学艺术与设计学院
　　　　中国美术学院工业设计系
　　　　浙江工业大学工业设计系
　　　　中国计量学院工业设计系
　　　　浙江大学工业设计系
　　　　江南大学设计学院
　　　　浙江科技学院艺术设计系
　　　　浙江林学院工业设计系
　　　　中国美术学院艺术设计职业技术学院

目 录

007　　　前言

009~018　　第一章　引言
　　　　　一、现代设计
　　　　　二、空间·设施·要素
　　　　　三、人·机·环境系统
　　　　　四、生态主义原则指导下的环境设施设计

019~028　　第二章　环境设施设计概述
　　　　　一、环境设施的概念
　　　　　二、环境设施在城市景观设计中的意义
　　　　　三、环境设施的特征
　　　　　四、中外环境设施比较

029~032　　第三章　环境设施设计的分类
　　　　　一、公用系统设施
　　　　　二、景观系统设施
　　　　　三、安全系统设施
　　　　　四、照明系统设施

033~058　　第四章　环境设施设计程序与法则
　　　　　一、造型要素与设计原则
　　　　　二、配置方式与视觉分析
　　　　　三、设计基本流程与方法
　　　　　四、设计材料与工艺技术

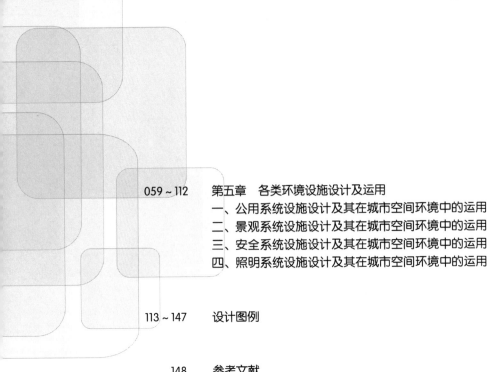

059~112　第五章　各类环境设施设计及运用
　　　　　一、公用系统设施设计及其在城市空间环境中的运用
　　　　　二、景观系统设施设计及其在城市空间环境中的运用
　　　　　三、安全系统设施设计及其在城市空间环境中的运用
　　　　　四、照明系统设施设计及其在城市空间环境中的运用

113~147　设计图例

148　　　参考文献

前 言

在21世纪这个新经济时代，各设计专业间的学科交叉十分频繁，呈现出许多新型的专业结合点。全国各大设计院校也都在进行不同程度的设计教育改革。在这种大环境下，作为设计教学这一环节，其目标要进一步探索，方法要深入研究，而课程建设则是重点。

对于设计院校的在校学生来讲，其首要的任务就是要掌握好基本设计方法，并能在实际环境中得以具体运用，真正做到理论与实践密切结合，在跨入社会时才能很快适应实际需求。这样，有一本能给学生提供学习指南、激发学习兴趣的教材就显得尤为重要。

本书的内容——环境设施是工业设计专业和环境艺术专业的交叉课程，本书对各类环境设施设计的理论、方法及运用等作了较为系统的阐述。本书的编者是醉心于设计教学与科研的高校教师和有着丰富经验的职业设计师，各章节的观点与思维都是在具体设计教学过程中所感受到的学生迫切需要了解和解决的一些问题，并配以国内外大量优秀的环境设施图例，内容新颖、覆盖面广，其目的主要是想让学生在学习环境设施设计的过程中能有一个全面的、系统的认识。本书既可作为工业设计专业，也可作为环境、景观设计专业教师、学生的教学用书及相关人员的参考用书。内容主要从三大方面论述：一是环境设施的类型、意义与功能特性；二是环境设施的设计程序与方法；三是各类环境设施在具体空间环境中的运用。

《空间·设施·要素——环境设施设计与运用》的成书过程中，肖丹同志参与编写了公用系统设施设计及运用部分，徐浩同志参与编写了传播设施和景观雕塑设计及运用部分，阚蔚同志参与了照明设施的部分内容编写，同时参与编写的还有蒋晟军、朱麒宇等同志。

此书能够得以顺利付梓我们首先要感谢中国建筑工业出版社李东禧先生、李晓陶编辑的热心支持，同时还得到了相关人士的帮助，感谢远在德国的朋友钮枫峰先生为我们提供了精美的图片，感谢刘丹、顾木兰等同仁为本书提供了部分相关资料，感谢项书悦、刘子青、周其飞等同学为本书的编著提供了帮助。由于时间和联系方式的不便，一些文字和图片资料的作者书中未作说明，在此一并表示最诚挚的感谢。

由于我们的工作条件和自身知识结构的限制，加之时间仓促，书中难免挂一漏万，恳请有关专家和广大读者批评、指正，我们将不胜感激。

杨小军

2005年1月于浙江理工大学

景观建筑师哈普林：
　　"在大城市中，建筑群之间布满了城市生活所有的各种环境陈设，有了这些设施，城市空间才能使用方便。"

第一章 引 言

一、现代设计

上 = 图1-1 包豪斯校舍 1925年德国 格罗皮乌斯设计

中 = 图1-2 乌得勒支施罗德住宅 G·里特维尔德 风格派

下 = 图1-3 红蓝椅 G·里特维尔德 1917年

何为现代设计？

以德国现代主义建筑大师格罗皮乌斯为首任校长的包豪斯无疑是现代设计的先祖。包豪斯创建了现代设计的基础，提出了"艺术与技术合而为一"的现代设计观念，从而推动了一个划时代的设计运动。当然包豪斯的发生与发展，离不开欧洲现代派艺术风起云涌的大气候，它并不是一个永世不变、牢不可破的艺术准则，而是整个设计史中不可或缺的一环（图1-1、1-2、1-3）。今天，设计的又一次革命因技术的发展而发生，它具有新的形态、节奏和模式，改变着人们的生活和行为，形成了现代设计的几大原则，即：合理选材、因材施技、科学构造、使用便利、精美愉悦的原则（图1-4）。

现代设计是基于现代社会、现代生活的计划内容，其决定因素包括现代社会标准、现代经济和市场、现代人的功能与审美需求、现代技术条件、现代生产条件等等几个大的基本因素，是为现代市场、现代经济和现代社会提供服务的一种积极的活动。随着世界各国现代设计的进步和科学技术的发展，设计形式的多元变化，设计正迅速改变着城市的形态架构和人们的生活结构，使人们的时空概念、生活内容、活动范围、人际关系等产生巨大的变化，而这一切又进一步影响到人们的价值观念、思维方式、审美情趣和生活哲学。

现代设计的观念引入国内是在20世纪七八十年代。其设计研究的内容及其创作思想，在数年内影响国内整个设计专业，其本质是对材料、构造、加工方法、形态、思维方式等知识与技能的综合训练，能有效地掌握二维、三维、甚至四维空间表达的能力。现代设计是创作思维的发散与表现的过程，是一个艺术与技术相统一的综合体。

在21世纪的城市化进程中，城市空间、环境质量、功能需求在商业浪潮的影响下，正发生深刻的变化，许多蕴藏文化与历史信息的产物被人遗忘，正逐渐消失。工业文化的发展带来了能源、环境、生态危机，设计文化要求将设计置于完整的社会、历史、环境等大背景中进行研究，设计师也遇到了前所未有的机遇和挑战。因此，我们提出了培养"具有国际文化视域、中国文化特色、与知识经济时代相符"的21世纪设计人才的教育理念。

第一章 引言

左=图1-4 埃菲尔铁塔高300m，建于1889年，现已是法国巴黎的标志性景观建筑

现代设计是以人为核心，利用现代技术条件，把一种计划、规划、设想通过视觉方式传达出来的活动过程。在现代城市环境建设中，建筑、景观、环境设施和人之间形成了有机平衡关系，环境设施、建筑景观共同为人的需求服务。

空间·设施·要素
Space·Facilities·Element

二、空间·设施·要素

空间，从哲学上来理解，是指物质存在的广延性。从建筑规划设计上来解释，则是指被三维物体所围住的区域，形成内、外两种空间。

空间环境就是在这样的内部空间和外部空间中进行设计而创造出满足人们的意图与功能，是一个舒适、方便、高效、合理、安全、经济、个性化的积极空间。正如日本建筑师丹下健三所述："在现代文明的社会中，所谓空间，就是人们交往的场所。因此，随着交往的发展，空间也不断地向更高级、有机化方向发展 *(图1-5)*。"

空间需要发现与创造，组成空间的要素之一——设施，必须要与具体的空间环境条件相适应和协调，以人们需求的安全、健康、舒适、高效的生活基准为目标，从中构想和表现出不同需求的环境设施，表达出强烈的时代精神和文化气息，以及现代环境设施的综合、整体、有机的创新理念。

设施是空间环境中不可缺少的整体要素，每个环境中都需要特定的设施，来使空间和景观环境相互融合并具亲和力，产生人与空间环境、空间与空间、人与物之间的相互关系。它们构成一定氛围的环境内容，体现

图1-5 荷兰鹿特丹树屋，以独特的造型丰富着整个城市环境

第一章 引言

上左＝图1-6 德方斯大拱门 巴黎德方斯商业贸易中心的终站建筑，该建筑是一个105米见方的透空立方体，建筑中空部分有两组透明观景电梯直通屋顶，下部是一组不规则状的塑料软质膜棚，形成大尺度、多层次的雕塑感空间，被誉为"通向世界的窗"

下左＝图1-7 杭州大厦路易·维登（Louis Vuitton）专柜的箱子外观立面造型，与原有建筑的相互复合，形成较强的视觉印象

着不同的功能与文化气氛，为人们能在空间环境中更加轻松、舒适、便利等提供了帮助。

　　环境设施作为实体要素构成空间，是人们活动的空间装置与依附，它需要与空间环境相互延伸、穿插、交错、复合、变换。正如彼得沃克尔曾说过："我们寻求景观中的整体艺术，而不是在基地上增添艺术。"环境设施要融入在整体空间环境中，同时并不失个性（图1-6、1-7）。

三、人·机·环境系统

随着科学技术的发展，生产过程的机械化、自动化以及自动装置、计算机装置的广泛应用，人和机械及工作环境之间的协调关系对人提出了操作的速度准确度及舒适度的高要求。现代设计的新理念要创造一个新的适宜的环境条件，符合人的生理和心理特点，满足操作方便、反应准确、减少差错、提高工效的要求。因此，在提高人——机系统整体效率过程中，就出现了人机工程学学科。最具权威的国际人机工程学协会（简称 IEA）对其下的定义为：人机工程学是研究人在某种工作环境中的解剖学、生理学和心理学等方面的各种因素；研究人和机器及环境的相互作用；研究人在工作中、家庭生活中和休闲时怎样统一考虑工作效率、健康、安全和舒适等问题的科学。

人机工程学研究"人——机——环境"系统中三要素之间的关系*（图1-8）*。主要包括以下几个方面：

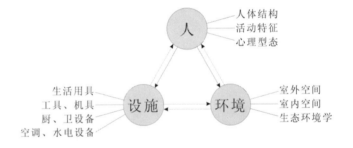

图1-8 人·设施·环境的相互关系

1. 人——系统中的"人"是指作业者、使用者，是与系统发生关系的人。一般来说，人以性别分为男、女；以年龄分为老、中、青、少、幼；以体质分为强、中、弱；以体型分为高、矮、胖、瘦、适中。如果从心理因素和地域背景等角度来分类将更加复杂。

2. 机——系统中的"机"是指人操作和使用的一切产品或工程界面系统。较之一般意义的"机器"的概念要更广些。

3. 环境——系统中的"环境"是指人工作和生活的小环境，是与人机系统发生直接影响的环境因素，会对人产生直接、间接的影响及应激作用。

要系统研究"人——机——环境"的协调统一关系，需对以生理学、心理学为基础的人机工学，结合各类相关知识进行研究分析，为人们建立一个舒适、安全的工作与生存环境。

环境设施的设计基础是以人为基本模数的。人类学家爱德华·T·霍尔

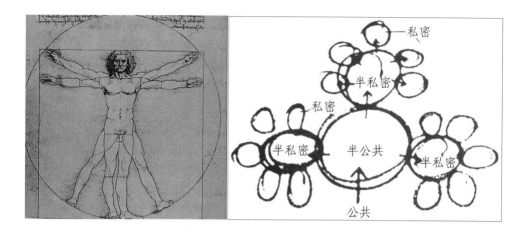

提出的"气泡"概念,提出任何活的人体都有一个使其与外部环境分开的物质界限,同时在人体近距离内有个非物质界限 *(图1-9)*。由于"气泡"的存在,人们在相互交往和活动时,通常保持一定的距离,而且这种距离与人的行为反应、心理感受、心理需要等产生相当密切的关系 *(图1-10)*。霍尔对此进行了较为深入的分析研究,归纳出四种常用的人际距离,即:亲密距离、个人距离、社交距离和公共距离 *(表1-1)*。而人们在不同的场合下,使用的人际距离也不一;不同民族、不同文化程度、不同宗教信仰、不同的性别和职业,其人际距离也会有所差异。

环境设施本身的尺寸及所处的空间尺度等均需以人体为标准的绝对尺寸为基准,进行组织、设计和布置,人的活动范围与行为所构成的特定尺度是界定其他设计尺度的标准。这其中要注意的几个要点有:

1. 环境设施本身的形状是没有尺度概念的,只有将其与其他因素尤其是人自身的关系产生比较,才能确定具体空间尺度。即:空间环境及空间中各设施要素之间的比例、尺寸关系;人体尺寸与空间的比例、尺寸关系。

2. 环境设施中,人体尺寸的应用,包括静态尺寸与动态尺寸两个方面。

左=图1-9 圆周内的人形 1485~1490 莱昂纳多·达芬奇（Leonardo da Vinci）

右=图1-10 选自奥斯卡·纽曼（Oscar Newman）《可防卫的空间》图为带有私密、半私密、半公开和公共空间的分级化组织

亲密距离: 0—450	接近相0—150,能感受到对方视觉、气味、呼吸和体温
	远方相150—450,可与对方接触握手,表现在亲人、情人、密友之间
个人距离: 450—1200	接近相450—750,促膝交谈,仍可与对方接触
	远方相750—1200,清楚地看到对方细微表情的交谈
社会距离: 1200—3600	接近相1200—2100,社会交往,同事相处的礼节性业务接洽
	远方相2100—3600,交往不密的社会距离
公共距离: >3600	接近相3600—7500,用于地位、背景及活动方式不同的人之间
	远方相>7500,主要借助姿势和扩音器的讲演,通过视觉和听觉进行

表1-1 人际距离和行为特征（单位:mm）

静态尺寸，又称结构尺寸，是人体处于相对静止状态下所测得的尺寸，计测可在坐、立、跪、卧四种姿态下进行，这些姿势均有人体结构上的基本尺度特征*（图1-11）*。

动态尺寸，又称机能尺寸，是人体在进行各种动作时，各部位的尺寸值以及动作幅度所在空间的尺度。在实际生活中，人是处于一个动态的"立体作业范围"*（图1-12）*。

3. 实际尺度和心理尺度。

实际尺度是环境设施的本身尺寸在空间中所形成的具体空间密度，是环境设施的数学比例关系。

心理尺度是人对环境设施的实际尺度在空间环境中的心理感觉。若设施所处空间密度过大，使人产生紧张不安的心理感受；若设施所处空间密度过小，使人产生匮乏、窒息的感觉。

因此在具体设计中，这两种尺度都共同存在，既要考虑环境设施本身的因素，还要考虑设施所在环境空间的整体形态尺度，各有侧重，又相互联系。

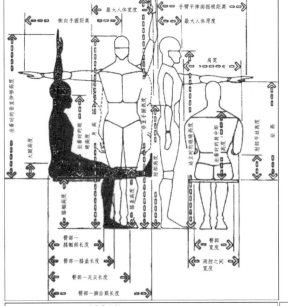

上＝图1-11 空间设计常用的人体测量尺寸，是界定空间的标准

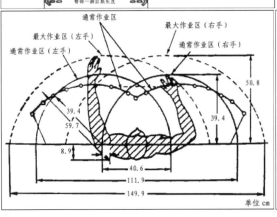
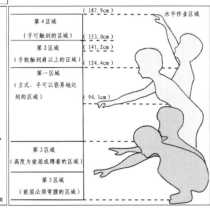

下＝图1-12 作业空间示意图（左：水平作业区域 右：垂直作业区域）

四、生态主义原则指导下的环境设施设计

生态设计源于20世纪人们对现代生产技术发展所引起的环境及生态破坏的反思，从深层次上探索设计与人类可持续发展的关系，力图通过具体的设计活动，使设计与生态科学相互作用，在人——社会——环境之间建立起一种协调发展的有效机制。所有的设计都必须建立在尊重自然生态的基础之上，都应是生态主义的设计。环境设施设计也不例外。

现代城市空间环境设施设计，具有科学、艺术和人文三个方面，三者密不可分，相辅相成。不同的环境设施，对这三个方面的侧重点有所不同，因而设计指导思想和表现形式也不尽相同，对任何一方面的忽视，设计就会存在缺陷。生态主义作为环境设施设计中科学原则的重要部分，应当贯穿在环境设施设计过程的始终，以创造出一个既接近自然又符合健康要求，具有较高文化内涵，合乎人性的生活空间要素。

当前，受环境保护主义和生态思想的影响，对于环境设施的生态设计，所要解决的根本问题，就是如何减轻由于人类的过度消费给环境增加的生态负荷。如：

1.注重生态系统的保护，依靠可再生能源，充分利用日光、自然通风和降水等，建立和发展良性循环的生态系统；

2.尽量选用当地材料，材料的循环利用并利用废弃的材料以减少对能源的消耗；

3.体现自然元素和自然过程，减少人的加工痕迹。

这些表现形式是多方面的，在具体的环境设施设计中，或多或少地应用到这些，都可被称作"生态设计"。就环境设施设计而言，生态设计的核心是三"R"原则，即在设计中遵循少量化原则（Reduce）、再利用设计原则（Reuse）、资源再生设计原则（Recycling）。

生态设计要求设计师在设计时具有系统的生态观念，主要体现在以下三点：

（一）倡导节约和循环利用

环境设施设计强调在对材料的选择、设施的结构、制造生产的过程中、在对包装和运输的方式的选择以及环境设施的使用乃至更新过程中，对常规能源与不可再生资源的节约和回收利用，对可再生资源要尽量低消耗使用。在环境设施生态设计中实行资源的循环利用，这是环境设施设计能得以持续发展的基本手段，也是其基本特征。

（二）提倡适度消费

环境设施生态设计提倡适度消费思想，把生产和消费维持在资源和环境的承受能力范围之内，保证发展的持续性。所设计的环境设施使用周期长，在使用后易于拆卸回收、再利用。提倡设计有市场、有质量、有

效益、有益于环境，体现一种崭新的生态文化观、价值观。

（三）注重生态美学

生态美学是在传统审美内容中新增加的一个美学趋向，生态美学是一种和谐有机的美。在环境设施设计中，它强调自然生态美，欣赏质朴、简洁的风格；强调人类在遵循生态规律和美的法则前提下，运用科技手段加工改造自然，创造人工生态美。

生态设计并不是一种简单的设计风格的变迁，也不是一般的工作方法的调整，而是一种设计策略的大变动，关系到人类社会发展的文化反省。生态、环境和可持续发展是21世纪面临的最为迫切的课题，生态设计已成为当前各专业设计研究的热点，并在未来的设计领域中越来越重要。

第二章 环境设施设计概述

空间·设施·要素
Space·Facilities·Element

一、环境设施的概念

上＝图2-1 与建筑外墙相和谐的壁灯造型
下＝图2-2 德国慕尼黑BMW公司总部 汽车表盘的造型与建筑形体的完美结合

环境设施在我国统一的概念还未正式确定，一般泛指建筑室内、室外环境中一切具有一定艺术美感的、设置成特定功能的、为环境所需的人为构筑物。环境设施产生于英国，英语为 Street Furniture，直译为"街道的家具"，类似的词汇有：sight furniture（园林装置）、urban furniture（城市装置）、urban element（城市元素）等。

随着我国经济的迅猛发展，人们的生活价值观念和消费观念都发生着深刻的变化，人们对生存的环境质量有了更新、更高的要求。尤其在城市空间环境设计中，出现了大量的具有时代感、艺术性、功能和形式相结合的环境设施，这些将成为现代城市环境的一道亮丽风景线，展示出它特有的迷人魅力。这些环境设施不仅反映着使用者的个性、生活观，也可以引导人们的行为，可以提高空间环境的质量。因此它的设置、质量都要能为人们提供更安全、健康、舒适、高效的生活，并在城市环境中发挥着越来越重要的作用。

进入21世纪，世界各国有关环境问题尤其是城市空间环境问题以各种形式出现，环境设计的思维方法和理论也在不断地提高。正如著名建筑大师密斯·凡·德·罗所说："建筑的生命在于细部"。环境设施作为城市规划、建筑设计、环境景观设计、室内设计中的一项重要设计因素正得到重视，它同样影响着整个空间环境形象（图2-1、2-2）。环境设施的设计品质与设置齐全与否，直接体现出该空间环境的质量，更表明了一个城市的精神文化、艺术品位与开放度。

二、环境设施在城市景观设计中的意义

环境设施不仅是城市景观环境的独特组成部分，更重要的是它已经成为城市景观环境中不可或缺的整体化要素。它与建筑物共同构筑了城市空间环境的形象，反映了一个城市的景观特点，表现了城市的性格与气质，以及城市的经济发展状况和市民的精神风貌。

环境设施与城市的社会环境、经济环境、人文文化环境有着较为密切的联系。它属于环境景观规划的范畴，是城市规划的重要组成部分。环境设施的设计应更加注重与自然、环境、建筑融为一体进行整体性设计，才能增强了环境设施设计的实际意义（图2-3、2-4）。

左＝图2-3 翘檐、碎花窗格构成了江南园林特有的地方建筑特征

右＝图2-4 地面小卵石的铺设，起到排水与美化地面的双重作用

环境设施不仅是空间环境中的元素，更是环境景观的创造者，在空间环境中扮演着非常重要的角色。环境设施的存在，为空间环境赋予了积极的内容和意义，丰富和提高了城市景观的品质，改善了人们的生活质量，使潜在的环境变成了有效的环境景观，具有重要的意义。

现代环境设施以整体性、科学性、艺术性、文化性、休闲性的形象展现在现代城市景观环境中，与人们的生活、文化息息相关（图2-5、2-6、2-7）。它在一定程度上是社会经济、文化的载体与映射，也是人的观念、思想的综合表象。社会的发展，人们对环境景观的要求不断提高，出现了不同功能、不同形态的高质量、高效率、高技术的环境设施。这些环境设施不仅为城市空间环境提供了具体的功能，而且也反映了对人的关怀，环境设施的设计主旨已到了"关注人的设计"的阶段。

环境设施的设计、施工和使用反映出一座城市的文化基础、管理水准以及市民的文化修养。环境设施的设计不能停留在表面层次上，而是包含在文化形象中的空间景观环境，更需与时代发展相适应，运用高技术、高手段，注入情感因素，进行高品质、高层次的设计与运用。

空间·设施·要素
Space·Facilities·Element

上左＝图2-5　徽州民居的封火墙有着防火和丰富建筑轮廓线的双重作用

上右＝图2-6　新与旧的冲击，产生强烈的视觉效果

下＝图2-7　杭州西湖西线的印章石刻，体现了浓厚的文化涵意

三、环境设施的特征

城市环境是人们赖以生存的空间，环境设施作为空间环境的组成要素，在一定程度上对完善环境起到重要的作用。环境设施设计既涉及功能，又涉及视觉及心理等问题，其中主要有以下几大特征。

（一）功能特征

在现代城市景观规划中，环境设施在总体环境建设中扮演着不可轻视的角色，这些景观要素更加接近现代城市景观设计理论。环境设施的设计目的是为了直接创造怡人的空间环境，它不仅是环境功能的一个要素，同时会对现代社会的激烈竞争、人们高度的精神压力，起到很大的缓解作用。

由于空间环境的特性决定，环境设施的设计，不应仅凭设计者的经验和主观判断，而是必须根据特定的空间环境条件，综合周边环境的视线、光线、视距等因素加以分析。针对特定性质的空间环境来设置什么内容、形式、功能的环境设施。具有一定功能的环境设施充分体现了以人为本的设计理念，实际上是人们对空间环境的一种新要求（图2-8、2-9）。

（二）观赏特征

任何一件环境设施都是处于空间环境之中的，不管是在建筑室内或是室外，环境设施并不是单独存在的，都是与周边环境所共同构成的整体效果。所以一件环境设施设计得成功与否，就要看它与其所处的空间环境是否和谐统一，与环境中其他要素在形式、风格、色彩上有无冲突与对立。

环境设施的设置要考虑它所处空间环境的实际特点，结合所在地区的性质等各种因素来确定环境设施的形式、内容、尺寸、规模、位置、色彩、肌理等方面的选择及方式。同时，具有宜人的尺度、优美的造型、协调的色彩、恰当的比例、舒适的质材的环境设施，向人们展示其形象特征的同时，给予人们生活、交流、学习和休闲的景观环境。环境设施在一定程度上也

上＝图2-8 杭州宋城内用来分隔景色和供人休憩的长廊

中＝图2-9 白色构架入口使左右建筑得以融合 彼得·艾森曼设计的美国俄亥俄大学视觉艺术中心

下＝图2-10 山东烟台海边的飞鸟状棚架

空间·设施·要素
Space·Facilities·Element

左＝图2-11 戛纳街头的铁制胶片状公用电话亭
中＝图2-12 雕刻精细的牛头纹图腾柱
右＝图2-13 上海波特曼商城用现代材料与造型演绎的中国古典柱头斗拱

反映了特定社会、地域、民俗的审美情趣，表达着某种情感（图2-10、2-11）。

（三）文化特征

关注与强调文化特征是现代环境设施设计的一个很重要的特点。这不仅要关注环境设施的使用功能，更要强调人们的精神文化需求，以更好地解决人类在精神和文化上的问题。

环境设施的文化特征最主要体现在地方性与时代性上。地方文化的独特内涵是由当地的自然环境、建筑景观风格、生活方式、文化心理、审美情趣、民俗传统、宗教信仰等所构成。环境设施在一定程度上也是这些内涵的综合体，它的创作过程即是对这些内涵的再提炼、再演绎的过程。建筑因周围的文化背景和地域特征而呈现出不同的建筑风格，环境设施也是如此，与所处的本地区的文化环境相适应，而呈现出不同的时代文化特征（图2-12、2-13）。

（四）生态特征

21世纪的今天，环境资源保护的思想已深入人心。无论是潜移默化的影响，还是有意识地以生态原则为指导，生态主义在当代设计中是一个普遍的原则。所以，广义地理解生态特征作为环境设施设计中的重要部分，应当贯穿设计过程的始终。

设计是一个人为的过程，人是自然系统中的一个因子，因而在具体

第二章 环境设施设计概述

上＝图2-14 以建筑、水、植物为主体的园林小空间
下＝图2-15 安徽宏村的水环境居住模式

设计过程中，是人为的过程与生态过程相协调的关系。通过环境设施的组织与设计改进地区小气候，在满足城市景观规划原则要求的前提下，运用特定的理论和方法进行设计，使环境设施设计具有可持续发展的前景。我们提倡生态设计观念，就是要以适当的设计来引导人们进行绿色消费、适度消费，要综合当代的各种科学技术条件，重新考虑人与环境之间的相互关系，使人与环境形成有机的平衡，实现可持续发展的长远计划（图2-14、2-15）。

四、中外环境设施比较

　　人类在很久以前就已经开始营建自己的居住及相关的空间环境，如何使这些空间环境变得符合人们的要求，环境设施便是其中的主要要素之一。
　　在我国宋代画家张择端的《清明上河图》中，我们便可看到当时的京都汴梁街面的繁华，街道店铺上各种招牌、门头，商店的幌子等，这些便是当时的环境设施。中国古代还有类似石牌坊、牌楼、拴马桩、石狮子、抱鼓石、水井等古人日常所需的设施（图2-16、2-17）。
　　日本江户时期，街道上设置的水井，成为当时的环境设施之一，形成以水井为中心共同生活的地域社会。考古学家在庞贝城遗址上曾发现古罗马时期的城堡、园林用墙包围，园内有藤萝架、凉亭，沿墙设座凳，水渠、草地、花池、雕塑为主体对称布置，形成了以环境设施为主体的深幽静谧的景观环境。到了现代社会，产生了更多功能特别、造型新颖的环境设施。如道路绿化、水体设施、街道小品等都作为环境设施逐渐出现在城市空间环境中。
　　近代，随着东西方文化的交流，中外环境设施的设计思想、设计观念都在不断的被丰富、拓展和完善。但由于中外社会背景、思维模式、哲学理念、审美情趣及价值观认同等不同，在环境设施的设计与运用方面也有着根本的不同（表2-1）。

空间·设施·要素
Space·Facilities·Element

1. 哲学理念的差异

中西方环境设施尽管都运用相似的要素，但由于哲学理念的不同，表现在设计指导思想上也存在相异之处。

西方人重理智，对比例、均衡、韵律、对称等形式美原则有着系统的研究，并且十分严格地用来指导环境设施设计。而中国人比较重直觉，设计以方便人的生活为准则，在尺度和体量的把握上主要讲究与空间环境之间的调和，以及人类自身的适应性，环境设施往往是自然的缩影和提炼，是出于自然而高于自然的直接展现（图2-18、2-19）。

左=图2-16 安徽西递村口造型威武神骏、雕刻精湛绝伦的牌坊
右=图2-17 宜人化的三眼井，充分体现了对人的需求的考虑

2. 自然观认知的差异

在处理人与自然的关系上，西方社会以征服自然、改造自然、战胜自然为文明演进、文化发展的动力。西方人常常重视用大尺度的广场、绿地、水景等来对视自然。

而中国文化重视人与自然的和谐，讲究以少胜多、以小胜大的设计手法，加之从中国古典园林中的借景、透景、漏景等技法的运用，将人与自然合成了一个和谐的境界关系（图2-20、2-21）。

中国文化	西方文化
1.重主体	1.重客体
2.道德心	2.认知心
3.道德文化	3.科学文化
4.重直觉	4.重理智
5.圆而神	5.方而智
6.重内心体验	6.重客观成就
7.重文化传统	7.重文化类别

表2-1 中西文化比较

3. 思维方式的差异

西方人重客体，思维习惯倾向

于探究事物的内在规律性、重视形式逻辑、重视事物间的因果关系。在环境设计中，常用数学关系来分析，我们经常看到西方的城市景观中，几何形的水池、笔直的林荫道、修剪整齐的树木、砌筑方整的台阶、比例讲究的雕塑和喷水，具有强烈的几何性，让人感觉整齐而又有秩序感。

而中国人重主体，重视整体的辨证逻辑，在设计中注重整体效果、讲究统一、有机联系的"模糊"状态，正是这种思维方式体现出一种对现象的直观体验，对人的个体感受的追求（图2-22、2-23）。

4. 审美认同的差异

中国人重内心体验，讲究人的内心世界的感受，追求深厚的意蕴，体现画面的境界，有种高度概括精炼的特点，讲究环境设施与群体的空间艺术感染力。如在中国园林里采用题刻、楹联等来拓宽园林空间意境。西方人重客观成就，讲究实体清晰简单、有逻辑，加之通常采用透视原则，来创造第三自然（图2-24、2-25）。

由于中西方各自生活自然地理环境的差异、空间思维模式的不同、社会政治制度的反差，使得中西方在环境设施设计中呈现出各自的独特性。分析不同的审美文化和哲学理念，为我们更好地进行环境设施设计提供了启迪。

右上=图2-18 布局极富轴线的几何形中庭
右下=图2-19 杭州某别墅师法自然的庭院设计

空间·设施·要素
Space·Facilities·Element

左上=图2-20 俄罗斯夏宫前高大笔直的树木与宽大规整的水景
右上=图2-21 花门、倚栏、远景形成了层次丰富的园林景观
左下=图2-22 修剪整齐的绿化景观
右下=图2-23 杭州花圃自然和谐的绿化布置

左=图2-24 苏州狮子林内分隔水面的曲桥与六角亭，极富空间意境
右=图2-25 古埃瑞克安设计的Noaicles花园，充分利用有限的地面并进入第三维的构图设计

第三章 环境设施设计的分类

　　环境设施的内容大而广，从大空间到小空间、从室内到室外、从个人设施到公共设施，只要有人生存的空间环境里无处不存环境设施。根据不同的情况，环境设施的分类方法也有所不同。总的来讲，可有公用系统设施、景观系统设施、安全系统设施、照明系统设施四大系统类型。

空间·设施·要素
Space·Facilities·Element

一、公用系统设施

城市空间的公用系统设施是城市空间环境整体化不可缺少的要素，它不仅在城市户外活动场所为人们提供休息、交流、活动、通信等必要的使用装置，还因其所具有的特殊功效，构成了室外空间景观环境的重要部分，增加了城市空间的设计内涵与时尚。在知识经济时代的今天，高效率、高科技的城市发展，与之相适应的公用系统设施也日益受到了人们的重视与青睐。公用系统设施的应用形式和视觉艺术效果等方面，也在逐渐提高。

公用系统设施主要包括信息设施、卫生设施、交通设施、休息设施、游乐设施等。

信息设施

信息设施种类繁多，包括以传达视觉信息为主题的标志设施、广告系统和以传递听觉信息为主的声音传播设施。在日常生活中具体接触到的形式主要有：标志、街钟、电话亭、钟塔、售货亭、音响设备、信息终端、宣传栏等等。

卫生设施

卫生设施主要是为保持城市市政环境卫生清洁而设置的具有各种功能的装置器具。这类设施主要有：垃圾箱、烟灰缸、雨水井、饮水器、洗手器、公共厕所等。

交通设施

城市空间环境中，围绕交通安全方面的环境设施多种多样，其目的也各不相同。大到汽车停车场、人行天桥，小到道路护栏、公交车站点都属于交通设施，在我们周边环境中通常接触到的还有通道、台阶、坡道、道路铺设、自行车停放处等交通设施。

休息设施

休息设施是直接服务于人的设施之一，最能体现对人性的关怀。在城市空间场所中，休息设施是人们利用率最高的设施。休息设施以椅凳为主，适当的休息廊也可代之，主要设置在街道小区、广场、公园等处，以供人休息、读书、交流、观赏等。

游乐设施

游乐设施通常包括静态、动态和复合形式三大类，它们适合的人群有所不同。儿童和成年所需设施在活动内容和活动场地规模方面均有很大的区别，本书仅以儿童游乐设施和老年人健身设施来讲述。

二、景观系统设施

景观系统设施作为城市景观环境的组成要素，通常有硬质与软质之分。如建筑小品、传播设施、景观雕塑等由各种人工要素构成的属于城市硬质景观设施；具有自然属性景观要素的如绿化、水体等属于软质景观设施。

建筑小品

建筑小品作为建筑空间的附属设施，它必须与所处的空间环境相融合，同时还应有其本身的个性。在建筑空间环境中除有其使用功能外，还应在视觉上传达一定的艺术象征作用，有些建筑小品甚至在空间环境中担当主导角色。具体包括围墙、大门、亭、棚、廊、架、柱、步行桥、室内小品等。

水景设施

水是自然界中最具灵气的物质之一，是装点城市空间环境、表现生命动感的重要因素。按水景形态可分：池水、流水、喷水、落水、亲水等水景设施。反映出水体存在着平静、流动、跌落和喷涌四种自然状态。

绿化设施

植物是自然界最具生命力的物质之一。绿化则是以各类植物构成空间景观环境，是体现城市环境生命力的重要因素。

具有绿化设施特征的主要有树池、盆景、种植器、花坛、绿地等。

传播设施

传播设施是城市空间环境中具有一定商业利益，同时具有美化环境作用的环境设施。

一般有壁画、道路广告、灯箱广告、商业橱窗、立体POP、活动性设施等。

景观雕塑

景观雕塑以其实体的形体语言与所处的空间环境共同构成一种表达生命与运动的艺术作品。它不仅反映着城市精神和时代风貌，还对表现和提高城市空间环境的艺术境界和人文境界均具有重大意义。

对景观雕塑进行分类的方法很多，按其艺术处理形式可分为具象雕塑、抽象雕塑和装置构件；按其在城市环境中的功能作用不同，可分为纪念性景观雕塑、主题性景观雕塑、装饰性景观雕塑、象征性景观雕塑等。

三、安全系统设施

安全系统设施是城市空间环境中最具人性化的设施，它不仅保证了其他系统设施得以顺利工作，又对人们安全使用设施提供保障。安全系统设施是"以人为本"设计理念的直接体现。

安全系统设施主要包括管理设施、标识性设施、无障碍设施等。

管理设施

城市管理设施主要有路面管理、电气管理、控制设施、消防管理等。其中消防管理有埋设型和地上设置型两类，地上设置型包括防火水管箱、防火水箱和柱型消火栓三种；路面管理包括各类井盖设施和警巡岗亭、收费处等组成的管理亭类。

标识性设施

标识性安全导向设施包括以引导人的安全行动为目的的指示标识、以警告人们注意危险为目的的规定性标识等。

无障碍设施

无障碍设施是为生活、活动受限制者或丧失者提供和创造便利与安全的设施，为他们能平等参与社会生活提供便利条件。

一般针对使用性质，可分为交通、信息、卫生等无障碍设施。

四、照明系统设施

随着现代城市高速发展，夜景景观成为城市环境的一个重要组成部分。人们对夜景景观照明的作用更加重视，它不仅可以提高夜间交通效率，保障夜间交通安全，还是营造高质量的现代城市夜景景观的重要手法。

照明系统设施是环境设计中非常重要的一环，照明系统设施主要有道路照明设施、商业街（步行街）照明设施、庭园照明设施、广场照明设施、配景照明设施等。

第四章　环境设施设计程序与法则

空间·设施·要素
Space·Facilities·Element

一、造型要素与设计原则

（一）造型要素

在环境设施设计中，环境设施的空间造型塑造是由材料本身的形态、色彩、质感、肌理等视觉元素构成，并通过光的运用来形成较强的视觉效果和触觉效果。随着光线的变化，形态、色彩、质感等元素及其光影也随之变化，产生不同的空间感受。

1. 形态

形态是空间形状与造型艺术的结合，也是形状与姿态的总合。环境设施形态的特征是设施本身及所处空间环境主题营造的一个重要方面。主要是通过环境设施的造型、尺度、比例及与空间环境的层次关系，对人心理体验产生的影响，令人产生区域感、亲切感、私密感，以及与空间环境气氛的协调产生诸如愉悦、惬意、含蓄、夸张、轻松等不同的心理情绪。

例如，构成形态的最基本要素——线，以其不同性质形状，可产生各种形态。直线本身具有某种平衡性与纯粹性，所形成的空间设计技术是最基本的，也是最容易处理的，所以它在设计中能发挥巨大的作用；曲线可有人工曲线和自然曲线之分，曲线不像直线那样易于运用，它的方向性不强，当曲线达到一定限度时，其表现意图将分散。

造型艺术形象能够表现一种引人投入的空间情态，环境设施形态的设计成败即在于能否引起人们的注意力，使人参与到空间环境中来*（图4-1、4-2、4-3）*。

2. 色彩

色彩是造型艺术的重要要素之一，它不能脱离形体、空间、位置、面积、肌理等而单独存在。因此，要科学地认识色彩、研究色彩，必须涉及以光为对象的物理学领域、以眼睛为对象的生理学领域、以精神为对象的心理学领域以及研究色彩造型的美学领域。所以，对色彩的研究已

上＝图4-1 法国朗香教堂，勒·柯布西耶设计
中＝图4-2 虚实处理恰当的铁制装置，活跃了场地气氛
下＝图4-3 体量夸张的构筑物形成了广场的视觉焦点

左＝图4-4 色彩鲜艳的"LOVE"字样街头装置，有着强烈的视觉感染力
右＝图4-5 拉·维莱特公园中的红色Folie，成为整个公园中的亮点

成为多学科领域的综合性学科。

所有的造型要素中，没有其他元素能像色彩这样强烈而迅速地诉诸人的感觉，它是环境设施系统所要传达情感与文化的象征。环境设施设计的色彩不同于画家作画那样自由地选择色块，它要考虑设施所处空间大环境的基本色调，从而经过加工，使之融合到整体环境美的秩序中。

环境设施色彩设计主要包括色相的明度、纯度以及色彩对于人的生理、心理的影响。色彩给人的感受是极强的，各色彩有其不同的性格倾向，不同的色彩和色彩组合都会给人带来不同的感受（表4-1）。色彩设计要有依据，要对空间环境的性格、环境设施主题的定位、色调的倾向进行统筹考虑，才能把设计定位与情感抒发体现出来。如红色的热烈、蓝色的宁静、紫色的神秘、白色的单纯、黑色的凝重、灰色的质朴，都能表达出各自的情绪和象征。人们对色彩的感受，还要受到时代、社会、文化、地区与生活方式、生活习俗的影响，并反映出一种追求时代潮流的倾向，即色彩的社会心理和民族心理（图4-4、4-5）。

色彩	性格
红	最容易引起人的注意，有着兴奋、激动、紧张的特点，同时非常强烈、热情，给人视觉以迫切感和扩展感，属于前进色
橙	是非常明亮、华丽、健康，又容易动人的色彩，在所有色彩中属于最暖色
黄	给人轻松、愉快、辉煌、灿烂、亲切、柔和的印象，是最明亮色
绿	有着平静、和平、丰饶、充实的性格特点，是希望色
蓝	让人感到凉爽、湿润、坚固，表现出崇高、深远、纯洁、透明、智慧的精神领域
紫	给人高贵、优越、奢华、幽雅、迟钝的感觉，同时容易给人造成心理上忧郁、痛苦、不安的感觉
白	明亮、干净、卫生、朴素，白色比任何颜色都清净、纯洁，但同时会给人虚无、凄凉之感
黑	理论上黑色即无光，是无色之色，具有积极与消极两种特征，根据具体情况表现各自性格倾向
灰	居于黑白之间，属于中等明度

表4-1 色彩的性格表

空间·设施·要素
Space·Facilities·Element

3.材质

材质是材料的质感和肌理的传递表现，人对于材质的知觉心理过程是较为直接的。质感本身也是一种艺术表现形式，良好的材质与色彩可以使环境设施设计用最简约的方式达到更好的艺术表现力。

质感、肌理是通过材料表面的特征给人以视觉感受，达到心理联想和象征意义。F·L·赖特认为："每一种材料都有自己的语言……，每一种材料都有自己的故事。"设计者往往将材料本身的特点与设计理念结合在一起，来表达特有的主题，不同的质感、肌理带给人不同的心理感受。对于环境设施的主题营造，可体现在材料自身的特征上。砖、木、竹等材料可以表达自然、古朴、人情味的设计意向；玻璃、钢、铝板可以表达环境设施的高科技感；裸露的混凝土表面及未加修饰的钢结构都颇具感染力，给人以粗犷、质朴的感受。同样的材料由于不同的纹理、质感、色彩、施工工艺所产生的效果也不尽相同（*图4-6、4-7*）。

左＝图4-6 不锈钢材质的水景雕塑
右上＝图4-7 大连街头的石膏网状雕塑
右下＝图4-8 洋溢着强烈阳光的中庭空间

4. 光线

如果说形态、色彩、材质是环境设施的实体要素，那么光线作为影响这些实体要素的介质，同时也是其基本造型要素之一。

光是影响人们心理变化最基本、最本质的因素。不同的光环境在人的心理体验中能引起不同的反应，恰到好处的光环境应用，能提高环境设施的艺术品质，从而引起人们对整个空间环境的共鸣。路易斯·康曾说

左 = 图4-9 人工光塑造的电影厅入口
右 = 图4-10 无锡太湖边的休闲帆布篷在夕阳的映照下令人感到美不胜收

过："对我来说，光是有情感的，它产生了与人合一的领域，将人与永恒联系在一起。它可以创造一种形，这种形是一般造型手法无法获得的。"（图4-8）

自然光随着时间有节奏的变化而产生丰富的光影，使环境设施富有节奏感和层次感。同时自然光还有照明、传热、保健等物理功能。绝大多数的环境设施是直接处于自然光的映照下，所以在进行环境设施设计时，应结合空间环境的特点，尽量让光的特征发挥到极致，使环境设施与光照达到完美结合。

随着时代的发展，现代技术越发先进，人工光的运用也更加广泛，其灵活性更大，可产生更为多变的效果和层次。无论是自然光还是人工光，它们对环境设施的作用都是不可限量的。整体的照明决定空间设施的整体气氛，局部的照明能够活跃环境设施，光在环境设施设计中有着重要意义和作用*（图4-9、4-10）*。

（二）设计原则

环境设施作为空间环境的一个重要组成部分，其形式和内容的确定，取决于多方面的因素。它涉及到人的主观因素，如设计者的艺术水平、文化修养、风格倾向等，又如业主对环境设施性质、内容、风格的要求等。它还涉及到其他客观因素，如环境设施所处空间环境的地域条件，不同地区的历史背景、文化传统和民俗习惯等，以及可供选用材料和可操作技术条件及经济因素等。

环境设施的设计，一方面必须结合实际情况，解决好各因素之间的矛盾。尽可能与空间环境和谐统一，使两者相得益彰，成为有机整体。另一方面，要以人为核心，尊重人、关怀人、服务于人。因此，环境设施设计开发过程中，设计师应考虑以下几个设计原则。

图4-11 满足人使用习惯的树池形座椅

1. 功能实用性原则

环境设施的设计实际上是在原有空间环境的基础上，进行一种创造和提高，设计出既有实际功能，又满足于人使用要求的空间设施。人在空间环境中是起主导作用的，人的习惯、行为、性格等都决定了对空间环境的要求。在进行环境设施设计时，应认真研究人们的生活行为，注意其活动规律。根据这些特点，采用合理的分级结构和宜人的尺度，使环境设施在使用的舒适度、安全性和方便性等方面，真正做到"以人为本"，并且利于经营管理，这样才能有利于整个空间环境的质量提升。

在进行环境设施设计时，要真正做到功能实用，首先要考虑人、设施与空间环境三者间的关系，必须把环境设施的设计规模、功能布局、造型风格等统一到其所处的空间环境系统中。用人在不同性质的空间环境中所具有的不同行为模式，来统筹确定环境设施的形式。同样，不同的环境设施的设置，也会对人的行为模式产生不同影响。扬·盖尔在《交往与空间》中，把人在公共空间中的行为活动分成三类：必要性活动、自发性活动和社会性活动。不同的行为活动决定了人们对空间环境的依赖性不同，也决定了针对不同的活动需求，在空间环境中设计不同功能的环境设施。比如在城市商业街和居住小区内设置的环境设施是不一样的，而同一种环境设施的功能也不一样。在空间环境中怎样通过环境设施的功能个性化特征使环境易于识别，让不同的人群在使用过程中互不干扰、各得其所，就显得非常的重要 *(图4-11)*。

因此，环境设施的功能实用性原则直接体现在对人的关心程度上，只有充分考虑到人，才能设计出真正适合于人们使用的环境设施。而优秀的环境设施不仅提供给人们各种活动的基本需求，同时影响人们的生活方式和行为模式，还对空间环境的整体塑造起到一定的点缀作用。

2．满足人的心理需求

美国人本主义心理学家A.B.马斯洛1943年提出研究人类需要的理论，人称需要层次论。将人的需要分成七种层次：生理需要、安全需要、社交需要、自尊需要、审美需要、认知需要和自我实现需要。其中生理需要和安全需要是人生存的基本需要；社交需要、自尊需要和审美需要是人的心理需要；认知需要和自我实现需要是人高层次的发展需要。马斯洛认为这七种需要是按照各自的重要性排列成从低级向高级需要发展的不同层次，是人的需求从低级向高级发展、从物质向精神层次的发展。所以人在不同的民族、地位、文化程度、职业、兴趣爱好的影响下，也对需求的选择有所不同。

在环境设施设计中，通过对形态、色彩、材质等不同赋予环境设施的属性，从而满足人们不同的心理需求，如私密性、归属性、安全性等。例如，在城市中心广场内设计休息座椅时，单纯考虑其基本功能，是不能完全满足使用者的，必须同时考虑所在环境对人在休息时的心理特征。同样，只有充分考虑到人的生理、心理特征，才能设计出与空间环境互相适应的高质量环境设施 *(图4-12)*。

图4-12　归属感很强的休息空间设施

3.实现形式美原则

在设计时，要把环境设施当作一个艺术作品来对待，让其获得一个

空间·设施·要素
Space·Facilities·Element

具有美感的空间实体形态。这样才能真正领悟空间环境的含义，体现出环境设施的美学价值，使其符合形式美的原则。美随时间、空间的变化而变化，是一种变化性、适应性极强的概念。设计中美的标准和目的也会不一样，如何在设计环境设施时，体现其形式美的原则*（图4-13）*？

形式美规律是人们长期对自然和人为的美感现象加以分析和归纳而获得的具有普遍性和共识性的审美标准。形式美原则是创造空间环境美感的基本法则，在设计环境设施时，必然要运用形式美的规律来进行构思、创作并把它实施、施工出来。要实现环境设施的形式美原则，须把握环境设施个体的形态结构与整体空间环境间的主从关系、对比关系等，使环境设施具有良好的比例和尺度、节奏和韵律，并充分考虑到材质、色彩的美感，结合施工过程中的各种技术要求，形成造型新颖、内容健康、具有艺术美感的现代环境设施作品。

4. 经济、环保的原则

环境设施在空间环境中扮演着重要的角色，他们直接与人发生亲密接触，直接服务于人。一些环境设施因具有广泛的通用性，各种空间环境对其的需求量较大，所以要进行大量的生产与消费。这样对于环境设施的经济性和环保性要求就会更高*（图4-14）*。

任何产品的生产与消费都要涉及到资源问题，环境设施也不例外。随着新时代的到来，全球对资源环境的保护意识正在不断加强，有关资源保护的新理论、新的设计观念、新的技术也在不断地提出和实施。例如在室外灯柱上装置空气过滤器，在同时具有照明功能的前提下，能够减少空气中的悬浮颗粒，以减少空气污染问题。

环境设施设计的经济、环保原则，本质上是一个可持续发展的社会问题，其中有两大基本前提：一是设计者与使用者的自然观、消费观、发展观发生根本的变化。人们都知道自然资源有其可发展、可再生的一面，同时也有其不可再生、会耗竭的一面。如生物资源、地下水资源、太阳能、风能这些特殊的生态因子，在合理开发和利用下，可以恢复、更新和再生，甚至能够得到不断的增长。但如石油、森林、矿产以及与之类

上=图4-13 利用正负形变化设计皮影效果的装置
下=图4-14 意大利维罗纳某建筑外墙的绿化景观

第四章 环境设施设计程序与法则

似的一些可利用资源，由于其生产周期、时间相对于缓慢，加之人类的过度开采，就属于相对可耗竭的资源。因此，从环境设计的经济、环保原则中看，寻找不可再生资源的替代物质或是替代形式，已是刻不容缓的事情；二是科学技术的极大发展，使环境设施的施工技术、工艺也明显地提高，在相对的时间内，较快地完成加工制作，大大节约了时间、精力，减少了资源负荷，真正做到了经济性原则。同时在一种高科技含量、高质量环境、高品质设计的基础上实现了"绿色生产文明"。

5. 与环境结合原则

环境设施是实际空间环境中的一个组成要素，它与所处的空间环境之间有着极为密切的依存关系。环境设施在造型、材质和色彩等因素的设计上都与周边环境相协调，尽量体现地方区域特色（图4-15、4-16）。

上=图4-15 澳大利亚悉尼歌剧院建于1977年，J.伍重设计，其轻盈的造型和色彩与水环境形成了互补

下=图4-16 招牌、壁灯、彩旗均与建筑空间相融合的上海新天地

环境设施所处的环境包括自然环境、人文环境和社会环境。这些均对环境设施有着非常大的影响，是进行设计时要认真考虑的外在因素。自然环境是指由山脉、河流、森林、草原、平原等自然形式和风、霜、雨、雪、阳光、温度等自然现象所共同构成的系统。自然环境是人类社会赖以生存和发展的基础，对人类有着巨大的经济价值、生态价值，以及科学、艺术、历史、观赏等方面的价值。在环境设施设计与自然环境的关系中，应尽量立足于对自然生态的保护、立足于保护与体现自然环境的自然属性为主体；文化生态学把人类的文化创造活动与空间环境设计的关系纳入一个整体进行考虑，得出了文化生态系统的结构模式即人文环境。环境设施通过其外在的造型形式和内涵来表达自身的文化形态，反映和体现特定的区域、特定的环境、特定历史时期的文化积淀，从而形成了人与环境设施间一个多层次的结构；社会环境是指由社会结构、生活方式、价值观念和历史传统所构成的"无形"的社会环境系统。具有明显特征的环境设施会给人以帮助，在人头脑中形成清晰的印象。它不仅方便了人们的行为，而且可以成为一种普遍的参照系统，一种行动和信息的组织者。它可以让人很容易地说出与这一环境有联系的许多事实和想像，它综合了空间环境的表象、结构和内涵三个方面。

环境设施设计时，既要了解社会需要与社会条件的关系，认识社会成员对环境设施的合理需求，以及在当时社会经济、文化条件下满足这种需求的可能性，又要分析空间环境对环境设施的影响，考虑环境设施在空间环境中的效果，因地制宜，确立整体的环境观。

二、配置方式与视觉分析

（一）配置方式

环境设施设计的配置方式必须服从其所在空间环境的整体功能，根据空间环境功能及环境设施功能的不同，其配置方式的构思、布局处理方法也不一样。

1. 空间序列形式

①设施的导向性（图4-17）

利用环境设施的空间导向来引导人们在城市空间环境中的行为方向，从而满足空间环境的多重功能。如采用同一或类似的环境设施元素进行导向，并形成一定的序列感。

②强调视觉中心（图4-18、4-19）

上左=图4-17 杭州湖滨路上的长廊形成了廊下、廊外的两种空间

上右=图4-18 通过树木与休息椅组合成的空间区域

下=图4-19 青岛海边宽敞空间里的框景雕塑

图4-20 上海金茂大厦广场绿化与铺装相互渗透的空间效果

如果说导向性只是把人引向空间环境的前提，那么最终的目的是让环境设施在一定程度上成为空间环境的视觉中心，从而丰富和感染整个空间环境气氛。

③空间构成的多样性和统一性（图4-20）

可以利用若干环境设施，构成彼此有机联系、时空连续的空间环境，其构成形式随着空间环境功能的要求而作变化，这其中体现了空间环境的多样性和统一性特征。

2．配置方式

①"大中含小"的方式（图4-21）

所谓大中含小的方式是指在环境设施系列中含有各个具体环境设施的组合方式，与空间设计中的母子空间形式有异曲同工之妙，是对环境设施的典型化、细致化。

②"互为重叠"的方式（图4-22）

具有不同功用的环境设施在形式上相互交叠组织在一起，从而形成第三种功能区。

③"共通连续"的方式（图4-23）

两种或两种以上的环境设施在内容上无明确的关联，但又不宜分隔明显，可在两者之间形成一种柔化的过渡形式，以达到相联互通的目的。

④"相互紧邻"的方式（图4-24）

这种方式区别于"互为重叠"的是，不同的环境设施相互邻接在一起，而并没有在形式上交叠，有着明确的界限。

⑤"相互分离"的方式

空间·设施·要素
Space·Facilities·Element

不同的环境设施独立设置，以明显地划分空间环境，强化不同的区域主题的作用。

3．配置的要求
①满足功能性的要求

在满足环境设施的使用、观赏和娱乐等功能需要的前提下，以达到合理使用和组合的自然协调关系。

②满足精神性的要求

环境设施间相互配置要把握配置方式的主题结构，传达其中的主题要求。通过特定的形式、造型和色彩的搭配来适应不同民族、年龄、性别、文化、职业的人们的精神和心理需求。

③满足时效性的要求

环境设施配置的时效性主要体现高速与经济的原则，应尽量以节约能源和耗材为准。

④满足审美性的要求

环境设施配置的审美性要求，是应用如重复与渐变、对称与均衡、比

上左＝图4-21 上海南京路上的休息区域
上右＝图4-22 杭州西湖南线的座椅与树池的结合
下左＝图4-23 杭州武林路上具有双重功能的休息区
下右＝图4-24 杭州信义坊社区的柱架与水井的组合

例与尺度、节奏与韵律等具体的形式美法则，来进行组合配置，以实现功能、心理与审美的有效融合。

（二）视觉分析

视觉是人类最主要的感知能力，是人类获取信息的重要途径，通过视觉可以感知外部世界的形状、大小、色彩、明暗、运动等诸多方面的信息。

人的视觉特征主要有视野、视角、视力、视线、明度适应、眩光、错视等组成。从对视觉的科学分析中，得出以下几种视觉的运动规律：

①视线水平移动比垂直移动快；
②对水平方向尺寸的判断比垂直方向更准确；
③视线移动方向习惯从左到右，由上至下；
④人眼对所视物的直线轮廓比曲线轮廓更易接受；
⑤人的阅读习惯是跳跃式的；
⑥人的视觉具有视错觉状态。

环境设施的视觉分析，除了考虑其本身的形体、色彩、材质和使用功能外，特别要注重环境设施与所处空间环境之间的个体与群体之间在空间、位置、体量等方面的关系。视觉分析对合理处理环境设施的整体性、协调性等关系是十分重要的。

对环境设施进行视觉分析主要包括：水平视野分析、垂直视野分析、视野协调分析。

1.水平视野分析

环境设施设计的水平视野分析是研究环境设施的横向宽度及空间的纵深距离。

根据科学测定水平方向视区的中心视角10°以内是最佳视区，人眼的识别力最强；人眼在中心视角为20°范围内是瞬息视区，可在极短的时间内识别物体形象；人眼在中心视角为30°范围内是有效视区，需集中精力才能识别视像；人眼在中心视角为120°范围内为最大视区，对处于此视区边缘的物像，需要投入相当的注意力才能识别清晰。人若将其头部转动，最大视区范围可扩展到220°左右*(图4-25)*。

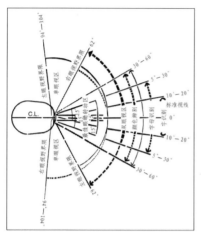

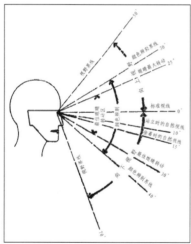

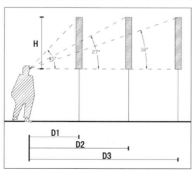

空间·设施·要素
Space·Facilities·Element

2. 垂直视野分析

环境设施设计的垂直视野分析是研究环境设施的高度及总体平面配置的进深度。

根据科学测定垂直方向视区中人眼的最佳视区在视平线以下约10°左右，视平线以上10°至视平线以下30°范围为良好视区，视平线以上60°至视平线以下70°范围为最大视区，最优视区与水平方向相似（图4-26）。

3. 视野协调分析

环境设施设计除了进行水平与垂直视野分析外，还要进行视野整体协调分析。

人们在视觉上观察环境设施一般存在三种情况：远眺、近视、细察。

远眺是一种全景式的整体性观赏，适合于总览环境设施的全貌；近视是对个体设施或其主体部分进行观察；细察是一种亲密化的观察，对环境设施的质感、纹理等特点均有体察。

一般情况（平视条件）下，观赏距离（D）与视平线以上物品高度（H）成不同比例，视觉效果各异（图4-27）。

上页上=图4-25 水平内的视野（视野是以角度测量的空间范围，一只眼睛的视野为"单眼视野"。当双眼同时看物体时，两只眼睛的视野重叠，形成"双眼视区"，大约在左右60°以内。而字母识别范围为左右20°，该区域内为理想的视觉区。）

上页中=图4-26 垂直面内的视野（假定标准视线是水平的，定位0°，那么人的自然视线是低于水平线的，并且人站立时自然视线大约低于水平线10°，坐着时大约为15°。在很松弛的状态中，站立和坐着的视线偏移都很大，分别为30°和38°。观看物品的向下的最佳视区在低于标准视线30°的区域内。）

上页下=图4-27（D/H=1/1时，极限视角，适合于细部观赏；D/H=2/1时，近视个体最佳视角；D/H=3/1时，远眺，全面观赏。）

三、设计基本流程与方法

设计方法是解决设计问题的基本方法。它是为了更好地提高效率，达到更为顺利地解决问题的目的。面对不同的问题，采取不同的设计方法；面对同样的问题，由于不同的环境背景，也有可能运用不同的方法来解决。

设计方法往往由许多步骤或阶段构成，这些步骤或阶段的总称就是设计流程。设计流程是设计方法的架构，是针对具体的问题而提出的步骤，而此步骤，必须是针对如何解决问题的方法的具体化。

（一）设计方法

1. 设计思考方法

环境设施的设计是一个多元思维的过程，如何抓住思路非常关键。但如果只有设计思维的发散还不够，同样还需通过优秀的设计表现等方法，把设计构思完整地表现出来。所以要求设计者要掌握以下的基本设计思维方法。

① 综合多元的思维模式

人的思维过程一般是抽象思维和形象思维有机结合的过程。抽象思维着重表现在理性的逻辑推理，因此也可称为理性思维；形象思维着重表现在感性的形象推敲，因此也可称为感性思维。理性思维的方向性极为明确，目标十分明显，往往借助于数学关系，得出的答案通常只有一个；而感性思维方向性模糊不清，目标具有多样性，其优劣的标准是多元化的。

环境设施设计就其空间造型艺术而言，要求形象的感性思维占据主导。而在相关功能技术性问题上，则又需要逻辑性强的理性思维。因此，在设计过程中，需要设计者丰富的形象思维和严谨的抽象思维兼而有之，相互融合。

由于环境设施设计所要考虑的因素较多，在设计的思维过程中，要对整个设计任务具有全面的构思和设想，综合地运用多元的思维模式，由整体到细节逐步深入，才能产生完美的设计方案。

② 图示分析的思维方式

良好的形象思维能力是设计思维必须具备的基本素质，这种素质的培养主要借助各种工具材料绘制不同类型的图示，并对其进行设计比较，建立科学理性的图示分析思维过程。

在环境设施设计的每个阶段都需要这样的思维方式伴随设计方案的产生，在这过程中，又会触发新的设计灵感，这是一种大脑思维形象化的外在延伸，是一种设计辅助思维方式。在设计领域，图示是进行专业沟通的最佳语言，掌握图示分析的思维方式有助于设计的表达与交流，往往看似杂乱的草图就是一个优秀的设计方案。

在设计中图示分析思维方式主要通过三种形式来实现：一是通过几何线条描绘的二维图形；二是用速写式表现抽象的空间透视草图；三是利用

左1=图4-28 "光的教堂"构思草图（安藤忠雄）
左2=图4-29 "光的教堂"空间透视草图（安藤忠雄）
右2=图4-30 候车亭设计（李燕珍绘制）
右1=图4-31 景观带设计（杨小军绘制）

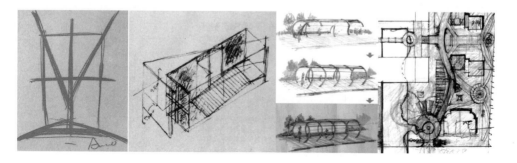

空间·设施·要素
Space·Facilities·Element

相关的质材做成三维空间模型等（图4-28、4-29）。

③ 对比择优的思维过程

选择是通过对客观事物的比较而产生的，这种对比择优的思维方法有利于帮助选出优秀的事物，成为人判断客观事物优劣的基本思维过程。

在环境设施设计的概念阶段、方案阶段、施工图阶段都是通过对各个阶段所需的特定内容而进行对比优化的过程，同样对比择优思维过程依赖于图示的信息反馈。因此，在设计构思阶段最忌用橡皮反复涂擦图示，而最好用半透明的拷贝纸逐层拷贝修改、对比、优化，使主题创意逐步明确、完善（图4-30）。

2．设计表现方法

环境设施设计的表现手法主要有三类：一是快速的设计草图表现；二是艺术化的效果表现；三是相当严谨的技术图纸表示。三类表现方法在不同的设计阶段所用，来适合不同的设计要求（图4-31、4-32、4-33、4-34、4-35）。

 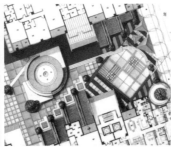 

① 快速的设计草图表现

快速的设计草图一般采用铅笔、钢笔等工具，在设计的构思阶段用来记录设计思维，它是设计思维快速闪动的轨迹记录，也是进行方案深入的基础。其表现一般快速、自由、流畅，具有一定的随意性，但能很好地体现设计者的个人艺术气质与设计水平。作品图面虽然潦草、混乱，但在艺术审美上具有一定的观赏价值。

② 艺术化的效果表现

环境设施设计非常重视设计的艺术效果，为了把设计效果能更直观地呈现给业主，通常采用真实性和艺术性高度结合的"效果图"形式，这种表现形式具有较强的说服力、感染力、冲击力，要达到这样的要求，设计者需要有较高的艺术修养和表现功底。设计一般以快速工具表现、手

左=图4-32 电话亭设计（李燕珍绘制）
中=图4-33 计算机与手绘结合处理的效果（竺五心绘制）
右=图4-34 计算机辅助绘制的展示架

工精绘和计算机辅助表现三种形式来表现效果。

③ 相当严谨的技术图纸表示

环境设施设计除运用以上两种表现方式外，还要采用相当严谨的技术图纸表示。如果说前两种是为设计造型的效果表现，那这种表现方法是为设计的实现提供依据。随着计算机辅助设计的发展，CAD 制图已经大大提高了技术图纸表示的效率。遵循规范的制图标准，对设计的整个布局到细节大样，都将表达得清清楚楚。其图面形式主要有平面图、立面图、剖面图、节点大样等，一般以施工图来统称。

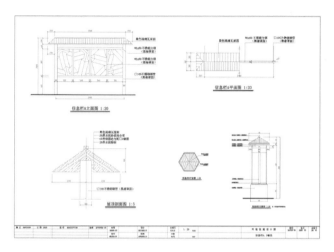

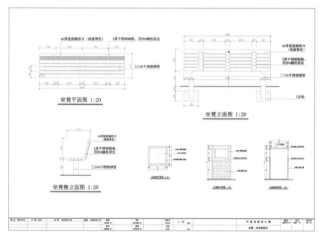

图 4-35 信息栏、座椅的施工图

（二）基本流程

环境设施设计的过程是将思维的虚体想像在现实生活中得以实现的过程，是将设计各要素相互衡量、组织的过程，在此过程中要解决各方面的矛盾，有着许多程序。因此，合适的设计流程是保证设计质量的前提，是环境设施得以成功实现的一个重要保证（表4-2）。

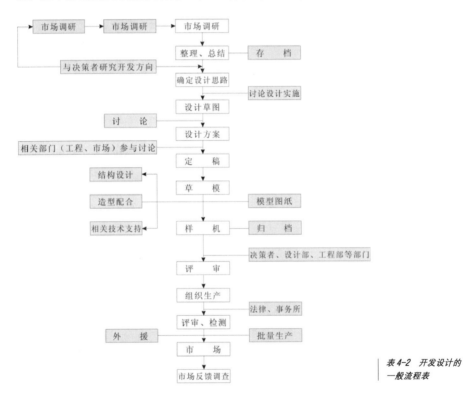

表4-2 开发设计的一般流程表

环境设施设计的基本流程一般可分为设计立项（目标、计划）阶段、方案设计阶段、设计扩初（技术、模型）阶段、施工图设计阶段、设计实施阶段、设计评价与管理阶段等六个阶段。

1. 设计立项（目标、计划）阶段

在环境设施设计立项阶段，首先要明确设计任务，了解并掌握各种有关环境设施的计划和目标，包括用户的需求和特性，考虑他们的预算和资金投入、使用特点、主题风格等；对现场环境实地勘察，了解空间

第四章 环境设施设计程序与法则

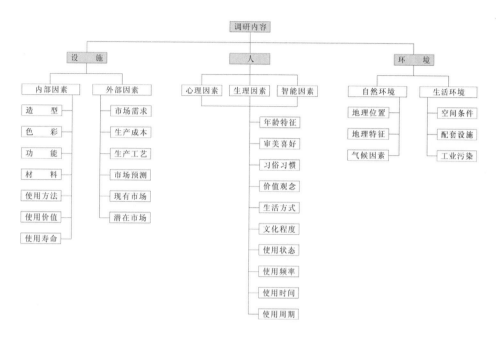

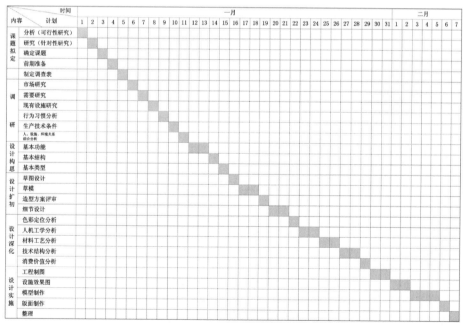

上 = 表 4-3　调研内容
下 = 表 4-4　环境设施
设计计划表

环境的性质、设计规模、功能特点、等级标准及设计期限。

其次，进行资料收集，并作设计分析和可行性调研（表4-3）。如收集与设计相关的资料和信息，并发放市场调研书，研究使用者的功能需求、精神需求、心理需求等。同时研究设计委托任务书、相关条件及法律法规等材料。

再次，制定设计进度表（表4-4）。将设计全过程的内容、时间、操作程序制成图表形式，并列明具体设计阶段的目标与计划。

制定设计计划应注意以下几个要点：

1）明确设计内容，掌握设计目的；
2）明确该设计过程中所需的每个环节；
3）弄清每个环节工作的目的及手段；
4）理解每个环节之间的相互关系及作用；
5）充分估计每一环节工作所需的实际时间；
6）认识整个设计过程的要点和难点（表4-5）。

设计阶段	设计内容	时间	目标
方案设计	市场调研、场地景观总图分析、功能结构分析、总体方案设计		确立设计理念，分析应解决的问题，确定总体方案
设计扩初	功能节点分析、视觉与空间形态设计、相关技术配套分析、设计草模建立		科学体现设计理念，结合实际情况，合理传达场所现象、精神
施工图设计	平面图、立面图、剖面图、透视图、各工种技术配套图纸、大样、节点详图、材料色彩配置图等		明确材料及施工工艺，细化设计，使设计得以顺利实现
设计实施	现场建筑空间环境与设施协调		直观展示设计效果
设计评价与管理	后期市场反馈、制定相关日常维护的注意事项		利于设计品质的提高及日常管理与维修

表4-5 环境设施设计的立项（目标、计划）

2. 方案设计阶段

在前期工作成果的基础上，进一步对相关资料综合分析、交流，进入设计过程的关键性阶段，进行设计构思与方案比较、完善、表现。在此阶段，设计从空间环境现状与人的生理、心理等因素入手展开构想，对环境设施设计的造型布局、空间和交通关系、表现形式和艺术效果等，进行目标定位、技术定位、人机界面定位、预算定位等，进行多方案比较，确定最佳设计方案，并用设计说明、平面图、立面图、剖面图、彩色透视图等设计文件交待清楚（表4-6）。

表4-6 环境设施方案设计

设计项目	设计内容	要 求	目 的
方案设计	资源普查与市场调研	广泛征求意见，进行项目讨论	提出现状问题，分析优秀环境设施设计经验
	设计理念	编制规划大纲，出空间环境总图分析	提出总体设计方案，明确设计理念
	空间形态结构分析	个体设施设计、与空间环境功能布局关系分析	确立环境设施个体与空间环境相关关系及各自特色
	景观功能结构分析	个体设施造型、色彩、肌理对空间环境的影响	确立景观意象，完成设计初稿，进行项目内部修改、完善

表4-7 环境设施设计扩初

设计项目	设计内容	要 求	备 注
工程扩初设计	分区节点功能分析	在方案设计的基础上，细化环境设施的功能分析，重点在节点设计。提出现状问题，吸收优秀设计经验，提出详细设计方案	
	视觉与空间形态设计	在明确的设计理念统筹下，提出各环境设施与空间环境的视觉关系	
	景观构成分析与设计	确立环境设施个体特色，组织其与空间环境的空间形态（围合、放射、线性、边界、拦阻、分划、掩蔽）	

3. 设计扩初（技术、模型）阶段

环境设施的设计扩初是扩大初步方案设计的具体化阶段，也是各种相关技术，如管线、水电等问题的定案阶段。它包括确定整体环境和各个体环境设施的具体做法，对各单元的尺寸设定，用色、用材配置，并合理解决各技术工种之间的矛盾，以及编制设计预决算等，并用图纸、图表、模型等手段来表达设计意图，来确定最终的设计定案 *(表4-7)*。

4. 施工图设计阶段

环境设施设计经过设计立项、方案切入、扩初设计、设计表现等过程确定最终方案。在进入施工实施前，需在技术的基础上，补充、修改施工所需的有关设计平面图、立面图、剖面图、节点详图、细部大样图、

表4-8 环境设施施工图设计

设计项目	设计内容	要 求
施工图设计	方案设计图纸	完善、修改设计图纸，各尺寸、材料、做法均需逐一标明
	设备、结构图纸	配合方案设计图，相关技术问题细化说明
	施工文件	图表结合，表达明晰、规范、确切周全

5.设计实施阶段

设计实施阶段，又称作为工程施工阶段。这个阶段设计师的设计工作虽已基本完成，但为了设计的意图、效果能更好地得以实现。在施工之前，设计师应及时向施工单位、工人进行图纸的技术交底，介绍设计意图，解释设计说明。在施工过程中，设计师仍然要定期到施工现场与施工工人进行交流，按照设计图纸进行核对。根据施工现场实际情况对设计图纸局部修改或补充。处理好与各专业工种发生的矛盾，帮助业主订货选样、作选型。施工结束后，协同质检部门和监理单位进行工程质量验收等。

6．设计评价与管理阶段

设计评价是设计施工结束后，使用者对实际使用、操作后提出的客观信息反馈、综评分析，它是衡量设计、施工成功与否的标准之一。随着现代社会发展和设计对象的复杂化，对设计、施工提出了更高的要求，这就要求设计师在完成一件作品后必须及时进行总结分析，在设计的技术、美学、人性化等方面进行再次提升。

设计日常管理是设计师提供给使用单位或用户的有关环境设施日常使用和维护的注意事项，是业主日后进行管理的参照依据之一。

在整个环境设施设计过程中，作为设计师必须要把握好设计的基本程序，注意各阶段的任务分工，充分重视与各专业人员、非专业人员保持沟通，合理调动各方面因素，将设计的内涵与意象准确地转化为现实，以确保理想效果的实现。

四、设计材料与工艺技术

环境设施设计强调科学、艺术、功能等因素的相互渗透、融合，同时环境设施的艺术表现突破传统的二维或三维的空间形态，调动和使用各种艺术、技术的手段，强调信息化和现代科技、材料、工艺的追求，使设计达到最佳的形、色、光、材、声匹配效果，尽量减少能源的消耗，创造适合人的空间环境设施。这其中结构的合理、材料的选用、技术加工的过程等，都将直接影响着环境设施的形态与功效。因此，结构、材料、工艺技术在环境设施设计中起着不可或缺的作用和地位（图4-36）。

（一）设计材料

环境设施设计是通过各种设计技法结合相应的材料来实现空间实体的创造。因此，材料的运用是环境设施设计不可缺少的条件。随着材料技术的发展，导致了许多新材料的问世，为设计提供了更为广阔的材料选择余地。

设计者必须掌握各种材料的性质与特征，不同的材料有不同的物理特性和审美特征，有不同的肌理效果和色泽质感。在具体的环境设施设计时，要根据材料的不同特征与性质，进行整合考虑，从而达到理想的视觉效果和功能需求。

1.材料的分类

环境设施设计的材料品种繁多，功能、性质各异，有着各种不同的分类方法。从材料的属性来划分，环境设施设计经常使用的主要有：

木材：包括各种天然木板、美耐板、塑合板材、藤、竹子等；

石材：包括石膏、混凝土、大理石、花岗岩、瓷砖、陶瓷、PVC砖等；

金属：包括不锈钢、铝板、铝合金、铜合金、铁、铸铁、铸钢、合金钢、碳素钢、抛光金属、金属网等；

塑料：包括有机帆布、PVC材、尼龙、塑胶材、各种树脂、橡胶、ABS板、有机玻璃、玻璃钢等；

玻璃：包括钢化玻璃、镜面玻璃等；

漆料：包括室外用丙烯酸乳胶漆、各色真石漆、膨胀型乳酸防火涂料等。

2.材料的质感

材料的质感是通过人的视觉、触觉而产生的一种直观印象。不同的材料给人的感觉不同，使用特点也不同。大体归纳如下：

①木材

木材是环境设施使用较为广泛的材料，它的可操作性是其他材料无法比拟的，并具有易拆除、易拼装的特点，木材除了加工方便外，本身还具有很强的自然气息，容易融入和软化环境，具有一定的符号特征。由于木材的特性是比较暖性的材质，适合于制作成座椅等与人体直接接触

空间·设施·要素
Space·Facilities·Element

的环境设施，但需作防腐处理。

② 石材

由于石材不易腐蚀，且比较坚硬，在环境设施设计中使用最为广泛。不同的石材具有不同的表情，一般具有厚重、冷静的表情特征，通常可以起到烘托与陪衬其他质材的作用。石材的纹理极具自然美感，可以切割成各种形状，产生丰富多样的拼贴效果。石材直接取材于自然，因而也同样具有自然的特征。由于石材属冷性材料，容易使人产生冰冷感，大量使用时，需用其他暖性材料来软化它。

③ 塑料

塑料是人造合成物的代表，由于不易碎裂，加工又比较方便，已逐渐被广泛运用。塑料可以按照预先的设计，制作成各种造型，这是其他材料无法比拟的。塑料具有特有的人情味和很强的时代性，传达着工业

图4-36 表现技术与结构的法国巴黎蓬皮杜艺术与文化中心，R.罗杰斯、R.皮亚诺设计建于1977年

文化的信息，但也存在耐性差、易变形、易静电等弱点。

④玻璃

玻璃也是人造产物，具有一定透明性，对光有着较强的反射、折射性，这是玻璃有别于其他材质的根本之处。在具体设计中，利用这一特殊质感进行设计，可增加奇异的效果。除此之外，玻璃还具有硬度、锐利、清洁及易加工等特点，能营造出轻盈、明快的视觉效果。但它容易破碎，存在危险隐患，使用时需作特殊处理。

⑤金属

金属具有优越的表现效果，其表现力也广泛为环境设施设计服务，具有冰冷、贵重的特质。根据需要可以做成各种造型，产生不同的视觉效果，提高设计品质。

3.材料的组织关系

各种材料往往不是孤立地使用，而是相互补充、搭配。无论如何使用，都应做到丰富多样、协调统一，与环境设施的功能、艺术特征相配，符合空间环境的需要。其组织特点主要有以下几点：

①协调性

在设计中，材料的协调性具有一定的规律，但凡在色彩、质感、质地、光泽等任意一项具有相同之处，就可以进行组合运用，产生协调一致的效果。比如质地相同可以体现出材料的共同属性关系；质感相同可体现出感官上更为内在的关系。

人的审美习惯有一个恒常性，人们已习惯的材料因其被长期使用，会在心理上得到一定的认可，从而会觉得其符合规律，具有协调性。所以在具体设计中，要求把握材料本身的特性和了解人的视觉审美习惯，才能充分把握材质的协调性。

②秩序性

材质的秩序性就是用几种材料建立起一定的秩序关系，以满足视觉审美，如使几种材料按一定的方向、顺序或一定的比例进行排列，形成特定主题的表达。

③对比性

材质的对比性，是要合理运用各种材料之间的质感、色彩等对比关系，使其搭配得当、对比明确，既和谐统一，又不失单调。

（二）工艺技术

任何设计都要接受着技术的影响，同时设计最终要投入到工业生产中，离开了生产技术的设计也就失去了意义，环境设施设计也不例外。

环境设施的艺术造型是要通过先进而合理的现代工业技术来实现的，先进的工艺技术是实现环境设施造型的关键，同时是环境设施具有时代感的重要标志。

不同的工艺技术可产生不同的工艺美感，不同的工艺美感影响着环境设施的性格特征。因此，采用不同的工艺技术，所获得的造型效果也不一样。比如，车削件有精细、严密、旋转纹理的特点；焊接型材由于棱角分明，而有秀丽、硬朗之感；铣磨加工具有均匀、平滑、光洁致密的特点；铸塑工艺有圆润、饱满的特点；喷砂处理的铝材有均匀的坑痕，表面呈现亚光细腻的肌理；板材成型有棱、有圆，具有曲直匀称、丰厚的特点等等。当然，随着社会的逐步发展，工艺技术也在不断的发展，设计作为技术的反映，也将随着技术的发展而发展。

如今，新兴的信息技术的发展，已引起了设计生产及设计模式划时代的变革。计算机作为辅助工具，已经渗透到了设计领域的各个方面，并起着重要的作用。从设计的创意阶段到设计生产甚至消费阶段，计算机技术已经成为一种不可替代的工艺技术，并且还将朝着更为深入的方面发展。

所以，工艺技术作为设计发展的重要因素，将直接关系到设计者的设计工作，技术的发展瞬息万变，只有掌握了最为前沿的技术，才能在设计中得心应手，才能设计出更为实际的环境设施。

第五章 各类环境设施设计及运用

空间·设施·要素
Space·Facilities·Element

一、公用系统设施设计及其在城市空间环境中的运用

(一) 信息设施

1. 标志

标志是信息设施的重要组成部分，具有显著的记号作用和通俗易懂的特点，往往通过文字、图示等形式传达信息及表示区域、场所的名称，为了提高环境识别的便利性，公共信息标志已被人们广泛认同和推广（图5-1）。

（1）主要分类

公共信息标志主要有环境指示牌、门牌标志牌、路名指示牌、商业宣传标志牌、大楼系统标志等；其设置形式有屋顶塔式、独立式、地面固定式、壁面固定式、悬挂式等。

（2）设计要点

①标志的材料、质感、比例、尺度、色彩、灯光及所显示的信息等方面均要与周遍环境有机结合，尤其像商业宣传标志往往处在建筑物的明显处而影响着建筑物的轮廓线，起到烘托建筑空间的作用。

②传达信息简明扼要，能给人以明确信息的视觉效果。在设计时首先应抓住与人的感知和记忆关联度大的特征，使其具有良好的视觉印象。

③标志牌要求坚固、经济、易加工；同时要符合当地广告规划的具体要求。

④设置地点的易见度要高，充分发挥公共信息标志的传递媒介作用。

2. 街钟

随着人们生活节奏的加快，对时间观念的要求加大，为了方便行人能准确掌握时间，街钟作为记时工具就越来越多地出现在现代城市广场、商业街、公园等地。

街钟可独立设置，也可与建筑物相结合，或与其他环境设施结合设计。由于街钟往往需要一定的高度，容易成为空间环境中的视觉焦点，在设计时应重点注意其造型结构，且尽量结合地域特征以反映地方特色（图5-2）。

上＝图5-1　杭州湖滨路上的标志牌，用青砖与玻璃、角钢制成，富于时代感和历史感
下＝图5-2　街钟与建筑设施的结合

3. 电话亭

公用电话亭是常见的城市信息设施之一。虽然在城市里有很多人士已有了移动电话，但如出门忘带手机或手机没电的时候，老人、儿童急需帮助或报警时等都还需要公用电话亭。同时作为城市景观的组成要素，电话亭以其独特的造型和风格，丰富着城市空间环境*（图5-3）*。

（1）主要分类

公用电话亭按其外形可分为适用于公共绿地、广场等宽敞空间的封闭式，适用于一般道路的敞开式以及适宜安装在墙壁上的附壁式等三种形式。

（2）设计要点

①公用电话亭处于城市公共环境中，要与环境相和谐，设计时应注意造型结构、材质耐用、色彩统一、维修方便等因素，同时还要满足电话亭的未来发展需要。

②设计时应考虑使用者在使用过程中对私密性的要求，要注意适当的分隔。

③在步行环境中的电话亭一般为100~200m设置一个，其高度约2m左右，长宽度视空间环境的大小而定。材料常采用铝、钢板及钢化玻璃、有机玻璃等。

左＝图5-3 巴西街头鱼形电话亭，造型独特、怪诞、趣味十足
右＝图5-4 莫斯科某超市内的橙子状饮料亭，具有较好的视觉效果
下＝图5-5 上海南京路步行街上具有多重功能的信息终端亭

空间·设施·要素
Space·Facilities·Element

4. 音响设备

为营造场地气氛而在室外环境中常设有音响设备，来提供背景音乐。音响设备的设计与设置可结合建筑小品、绿化等设施，使其尽量隐蔽布置，形成只见其声、不见其形的效果。

5. 售货亭

随着现代城市空间环境质量的提升，人们对生活条件要求的提高，兼具服务和提供信息的售货亭，已在我们的周围成为不可缺少的环境设施 *(图5-4)*。

（1）主要分类

售货亭的形式多种多样，从形态上分为几何型、不规则型、仿古亭型等；从材料上分为塑料、木制、铝合金、玻璃等；从功用上分主要有书报亭、花亭、售票亭、问讯处等。

（2）设计要点

①要结合人流活动路线，考虑设置的位置和朝向，以便于人们的识别和寻找。

②在其实用功能设计上可设计成可伸缩型或可拆卸型，以具有更大的灵活性，也可采用通透形式以方便使用。

③在造型和色彩设计上应独特新颖、美观大气、亮丽典雅，与周围景观融为一体，以形成景观环境中的亮点。

6. 信息终端

信息终端这种设施是当今市场及科技发展趋势的产物。这种自助式的平台能够储存更多的信息，能更方便快捷地满足不同人群的需要。如：自助售货设施、自助信息查询等等。设计时针对其为高科技产品，在造型和选材上尽量体现现代感和技术感 *(图5-5)*。

7. 宣传栏

在街道、社区等人群较为密集地方的显眼处，往往都会设置一定数量的宣传栏，以把最新信息传达给公众。

要根据不同的使用需求，在造型、色彩设计时有所侧重，要跟周围环境协调。又因其使用频率较高，所以选用的材料要牢固、经济，以免被破坏。

（二）卫生设施

为提高城市公共空间环境的卫生水平，满足户外活动的人对卫生条件的需求，满足人对整体环境视觉上美的需求，而需设置相应的卫生设施。此类环境设施的设置需要与排水、供水等系统联合组织实施，并尽量做到使用者和管理者的相互配合。

1.垃圾箱、烟灰缸

垃圾箱，是反映一个城市文明程度和居民文化素养的标志，是为保持公共活动场所的清洁卫生而设置，一般设在道路两侧和人群驻足集中之处。有的垃圾箱还附带着烟灰缸功能*（图5-6）*。

（1）主要分类

①按垃圾箱的材质不同可分有塑料、不锈钢、锌板、金属、喷塑、金属烤漆、陶瓷、细石面金属、钢木、大理石等；

②按垃圾箱固定法进行分类，一般分为独立可移动式、固定式和依托型；

③按其清除方式可分为旋转式、抽底式、启门式、悬挂式和连套式。

（2）垃圾箱的设计要点

①垃圾箱的结构设计要坚固合理。即要保证投放、收取垃圾方便，又要防止垃圾被风吹散。在户外因易积留雨水，垃圾易腐烂，所以箱下部要设排水孔，以便排水通风。

②应选用抗腐蚀，耐酸耐碱，防冻耐热，抗紫外线，不易褪色，且容易清洗等材料。

③造型、色彩都充分考虑周边景观效果。在有独特的外形设计时，应满足基本的要求。其规格依据人机工学的计测尺寸而确定，一般高60~80cm，宽50~60cm。放置在车站、公共广场的垃圾箱体量较大，一般高度为90~100cm，设置间距根据人流量和居住密度，一般在30~50m。

④随着社会公众环保意识的加强，世界各国对垃圾回收作了分类处理要求，从而出现了分类垃圾箱形式。常常采用不同的标识和色彩划分不同垃圾的投放，如一般以绿色代表可回收垃圾；黄色代表不可回收垃圾；红色代表有毒垃圾等。

（3）独立烟灰缸的设计要点

①应能方便收取并采用耐火材料的构造。

②烟灰缸一般分为三类：一是为行走状态下的烟民设立，其高度约为70~100cm，方便弹放烟灰和烟头；二是为坐着状态下的烟民设立，其高度一般为50~70cm，可与垃圾箱、休息座椅等配套设施一同设置；三是在

空间·设施·要素
Space·Facilities·Element

左=图5-6 广州街头的分类垃圾箱
右=图5-7 杭州西湖边可供大人和小孩使用的饮水器

公共场合内开辟的专用吸烟区域内设置的烟灰缸。

2. 饮水器、洗水器

饮水器和洗水器统称为用水器。在现代城市景观环境中具有实用与装饰双重功能，不仅方便了城市居民的户外饮用或洗涤，而且还提升了人们的健康质量，充分反映了以人为本的设计思想。用水器多设于中心广场、公园、儿童游乐中心、人流集中的场所（图5-7）。

（1）种类

①按用水器龙头位置划分，有龙头在用水器的顶部和龙头在用水器主体侧面两种。

②按照出水方式，有即用即放型与常流型。

③按照制作材料分类，有混凝土抹面、水磨人造石、花岗岩、天然石、陶瓷、不锈钢、铸造铁、铸铝制品和木制等。

（2）设计要点

①饮水器的造型尺度依据人机工学的计测数据而确定，并要考虑残疾人和老人的使用方便。供成人用时，一般高度在60~90cm之间，供儿童使用时，高度在40~60cm。

②用水器的结构应具有较强的抗倾覆能力和防冻能力。

③用水器的外观形态多采用方、圆、角型及其相互组合的几何形体，也可以象征性形象出现，增添环境的趣味与美感。

④用水器应设在易于供水和排水的场所。如采用内部排水方式，须用粗管和大的受盘，采用外部排水时可在受体外面设沟槽自然流下，排入下水道等。

3. 雨水井

雨水井是一种设置在地面上用于排水的装置，其形式多种多样。如排水沟采用有组织的暗渠排水方式，可在排水沟上方设置不锈钢雨水箅，与地面铺装形成质感对比，或采用明沟排水方式，在用材上应与地面铺装相结合（图5-8）。

左＝图5-8 杭州利星广场上成线形布置的铜钱状排水井

右＝图5-9 甲虫状的公共厕所与周围环境融合为一体

4.公共厕所

公共厕所是在我们生活中不可缺少的一种卫生设施。我国长期以来在公厕的结构、造型及管理方面都存在着不足，有些地方在街道、交通枢纽站及其他的公共场合中几乎难以发现公共厕所，这给行人带来了极大的不便。因此，应当设计出在结构上更加合理，造型上更加美观，使用功能上更加卫生的公共厕所，让其作为景观建筑成为城市景观环境的一部分 *(图5-9)*。

随着科技的发展，智能公厕出现了，从而公共厕所也从一个侧面反映了一个国家的科技发展水平，反映了人们对生活的追求，也反映了一个民族的审美观。

（1）公共厕所分类

公共厕所主要有固定型和临时型两类。

（2）设计要点

①公共厕所的设计应注重适用、卫生、经济、方便，造型上力求与周遍环境相协调统一，并可考虑休息座椅、花坛、绿化等配套设施。

②公共厕所的设置距离应该根据人流活动频繁和密集程度而加以区分，一般街道公用厕所的设置距离为700～1000m；商业街和居住区为300～500m左右；流动人口高度密集的场所则控制在300m之内。

③根据使用状况的不同，男女便位的比例为1/1或3/2；室内净高为3～4m为宜，室内地面要比室外地面高；建筑的采光、通风面积与地面面积比应不小于1/8，外墙采光不足可加天窗；大便位最小尺寸分别为外开门时0.90m×1.20m，内开门时为0.90m×1.40m，并列小便斗的中心间距不应小于0.65m，单排便位的开门为外开门时，走道宽度以1.30m为宜，双排便位外开门的走道宽度以1.50m为宜，便位间的隔板高度应1.50~1.80m为宜。

④公共厕所的出入口，应有明确的中英文标志，并明确指示男女性别。

⑤公共厕所的设计要考虑无障碍设计（具体在安全系统设施章节中介绍）。

（三）交通设施

在城市公共空间环境中，交通设施是不可缺少的设施之一。它们不仅能改善城市交通环境的质量，还可在细节处理上体现对人的关注，并具有亲和的形象，塑造着城市的活力。

1. 停车场

随着我国社会经济的发展，汽车产业发展迅速，私家车的数量与日俱增，停车问题日趋明显，停车位的需求愈来愈大。传统意义上的停车方式已不能满足现状，有待于改进创新，地下车库、阶层车库、立体车库等形式已在逐渐增多 *(图5-10)*。

（1）停车位尺寸

车位的基本尺寸各国不尽一致，我国相关资料、书籍中的参数也有区别。在设计时应以相关"文件"的规定为准。一般为：

①小型车，如以"桑塔纳"为例：其长4.55m、宽1.89m、高1.41m；中轻型客车，以12座"三菱"面包车为例：其长4.39m、宽1.69m、高1.99m。设计时每辆车占用的停车面积可按标准车位平面2.5mX6m设计，回车场地的尺寸不宜小于12mX2m。

②大客车长度差别大，由7.0~12.0m不等，宽高多为2.5m、4.0m，停车场的车位尺寸一般为长10~12m，宽3.5~4m。

③通道的最小平曲线半径：小型车为7.0m，中轻型车为10.5m，大型车、铰接车为13.0m。

（2）停放方式

①垂直停放：所需停车面最小，是一种常用的停车方式，常选择后退停发车，但为了保护绿化带，或避免汽车尾气直接排入建筑物内，也可采用前进停发车。

②平行停放：是一种常见的路上停车方式，适合停车带宽度较小的场所。一般此类停放方式停车场标准尺寸为通道宽度为3.8m以上，停车位长度为7m。

③30°倾斜停放：也适用于整条停放车道狭窄的场所，但所需停车面积加大。如为前进停发车，通道宽度应保持在3.8m以上。

④45°倾斜停放：采用45°交叉停放，整条停车车道无需太宽，且停车面积较小。前进停发车所需通道宽度为3.8m以上。

⑤60°倾斜停放：整条车道宽度需加大。车辆出入方便。如为后退停发车，所需通道宽度为4.5m以上。

（3）设计要点

①停车场的车流组织非常重要，入口及出口的布局应合理，保证车

第五章　各类环境设施设计及运用

流进出方便;绿化、照明设施等应安排在距车位线1m以外的位置,以免妨碍车辆出入。

②停车场的地面一般采用硬质地面,花岗石板和陶瓷广场地砖铺地,也可采用混凝土地面或铺设具有生态效果的植草砖地面,可柔化生硬的停车场地。

③在停车场内进行适当的绿化植树,既可以美化环境又可形成庇荫,避免停放车辆内部温度过高。

2. 自行车停放处

我国人口众多,是世界上自行车使用最多的国家,成年人上下班、学生上下学时都将以自行车为代步交通工具。许多公共场所都应考虑设置一定面积的自行车停放处,必要时还应设置自行车架。车架的设计形式有带轮槽的预制混凝土台架、有卡放车轮的钢筋支承架,还有依附于栏杆等其他公共设施上的连体停车架 (*图5-11*)。

(1) 停放方式

自行车的存放设施不仅要考虑功能,更要体现效益,充分考虑一定面积内的停放利用率。自行车的存放可采用单侧式、双侧式、放射式、悬吊式和立挂式等方式。

(2) 设计要点

①停放场如有车棚时,其高度以成人可以自由进出为准,一般为1.8m以上。

②停放场中除车棚外,还应配备照明、指示标志等辅助设施。

③停放场的地面,最好选择那些不易受热变形的路面,如混凝土、天然石等。在作雨水排放设计时,既要考虑地面,又要兼顾顶棚,可在地面铺置碎石,使顶棚上排放下来的雨水直接渗入地下或设置相应的排水槽。

上＝*图5-10 苏州工业园区内用绿篱围合的停车空间,既高效又环保*
中＝*图5-11 独立式钢筋卡轮车架*
下＝*图5-12 日本名古屋街头的不锈钢防护栏杆*

3. 道路分隔设施

在城市空间环境中,道路分隔设施的种类很多,根据用途的不同主要有防护栏杆和隔离设施两类,这些设施的示意功能较强,以提高人们的安全意识,起到分隔人行、车行空间等作用。

67

空间·设施·要素
Space·Facilities·Element

（1）防护栏杆

防护栏杆在防止行人随意跨越马路、装饰马路等方面都有比较好的效果，因此是街道空间环境设计中不可缺少的交通设施。防护栏杆是一种水平连续重复出现的构件，其造型别致、色彩明快、高度适宜、疏密效果都会给人以整齐、顺畅、大气、舒适的感觉。用于道路两侧可防止行人随意跨越马路，以达到完全分隔效果*（图5-12）*。防护栏杆常用的材料有铸铁、不锈钢、混凝土、木材及石材等。

（2）隔离设施

除了防护栏杆这种比较强烈的分隔设施外，还有些隔离设施只是作为象征性而设置的。如石礅、石柱、车挡、缆柱等。道路上石礅、石柱的主要功能并不在于实际上的分隔，而是要形成一种心理上的隔离；车挡有固定的，也有可移动的，车挡尺度不宜过大，车挡的高度一般为70cm左右，设置间隔为60cm左右。过高会给人以视线上的阻滞感，达不到空间上隔而不断的效果；另外，有的缆柱还内藏链条，缆柱所使用的材料种类很多，如铸铁、不锈钢、混凝土、石材等，常用于步行区和机动车道路之间，有的可作为街道坐凳使用*（图5-13）*。

4．台阶和坡道

在城市空间环境中，由于地势原因或功能需要，常常要改变地平面的高差。而台阶与坡道是连接地面高差的主要交通设施，其主要功能就是使行人从一个高度顺利地转移到另一个高度，同时也产生丰富与变化的景观视线*（图5-14）*。

（1）台阶设计要点

台阶有多种景观形式以及使用功能，是城市景观设计中需认真考虑的元素。

左=图5-13 上海南京路步行街上起隔离作用的石球和钢柱

右=图5-14 杭州花圃的台阶与通道

①通常，城市室外空间环境中的台阶，若适当降低踢板高度，加宽踏板，可提高台阶的使用舒适性。

②踢板高度（h）与踏板宽度（b）的关系如下：2h+b=60~70cm。室外踏板宽度不宜小于30cm，踢板高度不宜小于10cm，否则行人容易磕绊。因此，如若不能满足这一数值，则应当提高台阶上、下两端路面的排水坡度，调整地势，将踢板高度设在10cm以上，或者取消台阶，也可以考虑作成坡道。

③如果台阶长度超过3m，或者需要改变攀登方向，为了安全，应在中间设置一个休息平台，通常平台的深度为1.5m左右。

④踏板应设置1%左右的排水坡度。踏面应作防滑处理，天然石台阶不要作细磨饰面。落差大的台阶，为避免降雨时雨水自台阶上瀑布般跌落，应在台阶两端设置排水沟。

（2）坡道设计要点

①城市道路的坡道设置与无障碍设计相关，常与台阶结合考虑。宽度宜在1.50m以上，有轮椅会车的地方最小宽度为1.80m。坡面需作防滑处理，两侧应设置高度5cm以上的路缘石。

②坡道的坡度应设计在6%以下，最大纵坡8.5%。坡道的上、下两端，应设置深度在1.80m以上的休息平台。

③坡道的排水坡度：机动车道的横坡度为2%，人行道的横坡度为1.5%~2%。花砖路面、料石铺面路面等设置1%~2%的雨水排水坡度。渣石路面、黏土路面等柔性路面设置2%~3%的排水坡度。草皮路面设置3%左右的排水坡度，并不得低于1%。

5．地面铺设

在城市道路上，我们每天都要接触到地面，为满足高频率、高强度的使用功能要求，往往需要作铺设处理。因此地面铺设是城市建筑及环境设计中最为常见的设施*(图5-15)*。地面铺设有软质铺设、硬质铺设和软硬结合铺设。软质铺设以草坪等植物为主要材料进行铺设；硬质铺设采用硬质砌块材料进行铺设。

（1）常用铺设材料

地面铺设的材料很多，常用的有沥青、混凝土、花岗岩、花砖、天然石、卵石、砂土、木、

图5-15 大连市民广场上为纪念建市100周年而做的景观铺装

草皮、合成树脂等，可根据不同的要求作出选择。

（2）地面铺设的特征

①成图性

成图性是指通过不同材料的组织运用，形成不同的图案特征，界定不同的空间特性。它们是创造良好城市景观的基础，也有潜在的艺术形象。

②时空性

城市空间的时空性往往可通过铺装的变化来实现。通过铺设图案的导向，标明行动方向和暗示游览速度、节奏，为人们提供良好的视觉转换、视觉引导和视觉聚焦等，使城市地面空间形成连续不断的序列画面。

③趣味性

地面铺设为人们的活动提供了运动的轨迹和停留的焦点，并通过点、线、面的有机组合形成多姿多彩的铺设图案变化，赋予空间以某种寓意和神韵色彩。

（3）设计准则

①遵循整体统一的原则

无论是铺设材料的选择，还是铺设图案的设计，都要与铺设场地的面积大小及周边景观形式相呼应。同时硬质铺设可与草坪、绿化有机结合，可以软化地面，形成生动、自然和丰富的构成效果。

②注重铺设效果美观原则

铺设图案结构、拼缝及材料色彩、尺度、质感的变化，要反映场地功能的区别，与场地的尺度有明确关系。如一般场地的铺设在整个空间环境中仅起背景的作用，不宜采用大面积鲜艳的色彩；在小环境中，铺设材料的尺寸不宜太大，且质感、纹理要求细腻、精致。

③铺设的安全性原则

保证铺设材料的必须强度要求，注意毛面与光面的搭配使用，做到任何时候都能防滑与顺利排水。有地灯设施时要充分注意管线与电路的配置。

6．公交车站点

公交车站点是城市公交系统重要的组成部分，是评价一个城市的文明程度和经济发展水平的重要指标。它的主要功能体现在保障人们在等候、上下车辆时的安全性和方便性*（图5-16）*。

（1）组成部分

公交站点设施包括汽车停车空间、行人上

图5-16 杭州南山路的铁制公交候车亭，造型简洁、大方，与周围的建筑风格相互协调

下车空间、候车亭空间、交通标牌,一般下设有垃圾箱、烟灰缸、线路导引设施、照明设施和广告设施等。有条件应增设一些供人短时间休息的公共座椅或装置,同时还应有盲道,以满足残疾人的需求。

(2)分类

公交车站点候车亭的造型主要有半封闭式和顶棚式两种。半封闭式的特点是从顶棚到背墙,一侧或两侧均采用隔板来分隔外界,其空间划分较明确;顶棚式的特点是四周通透,只有顶棚和支撑柱,这种形式适合于空间环境小、人流多的环境。

(3)设计要点

①公交车站点的候车亭一般采用不锈钢、铝材、玻璃、有机玻璃板、阳光板等耐气候变化性能好、耐腐蚀性好并且易于清洁的材料,这些材质、色彩的运用要注意易识别性。

②候车亭因其体量较大,对环境的影响颇大,其造型力求简洁大方,富于现代感。并要考虑夜间的灯光景观效果,处理好与城市、区域特色及个体的关系,注意和整个环境能够融合在一起。

③一般情况下,城市中所设的公交站点的候车亭长度应不大于1.5~2倍标准车长,宽度应不小于1.2m。中途站点的设置应在公交线路的主要人流集散点,与同一线路上下形对称站点应交叉设置,错开距离不得小于50m;当主干道的快车道宽度大于22m时,可不必叉位设置;在绿化带较宽的路旁或车道宽度小于10m的道路中途设置站点,其路旁绿化向人行道内等腰梯形凹进25m以上,开凹长度不低于22m为准。

7.人行天桥及通道

为解决人车争道的交通矛盾,实现人车分离的交通模式,人行天桥和通道的设计作为这种交通设施已越来越多。近年来的天桥设计坚持以人为本的原则,除了方便人们通行,还要求设计精美,新技术和新材料合理应用并兼备休闲和景观等功能*(图5-17)*。

图5-17 玻璃、钢架的人行天桥,散发出现代工业气息

在设计时要充分考虑到无障碍设计。在人行天桥有二个引桥时,可以一个是坡道,一个是梯道,坡道上的扶手、色彩和材料以及防滑要求,均等同一般坡道。所用材料的耐气候变化的性能要更强,在一些天桥和通道上可以依据具体情况设置雨雪罩或遮阳罩,同时可与广告设施结合考虑,形成城市景观点。

空间·设施·要素
Space·Facilities·Element

（四）休息设施

休息不仅是人的生理机能上的休憩，还有人的思想、情绪放松的精神休息。所以休息设施的设置充分体现了社会对人的关爱，有利于人与人之间的相互沟通，是社会多元化设计的发展趋势。

座椅（长椅、座凳）

为满足城市居民的日常休憩活动，在城市空间环境中的广场、街道、公园等场所，常设置座椅，以供人们休息、交流、读书等。座椅是城市环境中利用率最高的休息设施，它不仅有很强的实用功能，而且也是城市景观的重要要素。

（1）座椅种类

座椅的种类很多，有单人的、双人的、多人的、带靠背的、不带靠背的等；从外型上看，座椅有椅型、凳型、规则型、不规则型；从设置上看，除普通平置式、嵌砌式外，还有设置在树木周围兼作保护设施的圈树椅，另外室外环境中的台阶、叠石、花坛也具有座椅的功能。

（2）座椅材料

座椅的制作材料较为丰富，主要有木材、石材、混凝土、仿石材料、

材料类型	性能优缺点	其他
木材	触感、质感好，易于加工，但保存性、耐抗性、热传导差，易损坏	现在更多地选用经过特殊加工的木材料
石材	质地硬，触感冰凉，且夏热冬凉，不易加工，但耐久性非常好	经过特别加工的石质座椅，可有着某种雕塑效果，常被用在城市广场，作为景观装饰
混凝土	耐久性强，价格便宜。可根据现场需要现浇制作	常被用来制作成兼作花坛挡土墙的石凳，一般座面都作花砖饰面或石塑铺面等处理
金属	热传导性强，易受四季气温变化影响，但有某种特殊的质感	可选用以散热快、质感好的抗击打金属、铁丝网等材料加工制作的座椅
陶瓷	易受四季温差影响，质感好。其造型丰富，但体量受限	具有一种天然土质的温热感
塑胶	造型、色彩丰富，可批量生产，价格便宜，经年久易褪色、老化	常用于次要场所的休息设施制作

表5-1 各种座椅材料性能特点比

金属、陶瓷、塑胶等。可根据其使用功能要求和具体空间环境来选用相匹配的材料与工艺（表5-1）。

（3）座椅设计要点

①座椅设计要考虑人在环境中的活动规律和心理习惯。因人受空间环境作用的影响，其设置的位置、造型、数量都会引起不同的心理感受，并因此影响人们的行为目的。

②座椅配置地点要合理，最好在空间环境的设计和施工过程中综合考虑，应避免设立在阴暗地、陡坡地、穿堂风强的场所和对人出入有妨

碍的地方。

③座椅要坚固耐用，不易损坏、积尘、积水。供人长时间休憩的座椅，应注意设置的私密性，常以单座型或带高背分隔型为宜。炎热地带应尽量设在树下、墙体等遮荫之处。

④座椅设计应符合人体生理角度，大小一般以满足1~3人使用为宜。可根据使用要求与人体数据略有不同，一般尺寸为：座面高30~45cm，座面宽40~45cm；长度为：单人椅60cm左右，双人椅120cm左右，3人椅180cm左右；靠背座椅的靠背倾角为100°~110°。

⑤座椅面层所用材料以木制材料较合适。

⑥注意座椅在空间环境中的布局形式及与人的关系（图5-18、5-19）。

图5-18 各种座椅的布置形式

形 式	图 示	座椅布局与人的关系
单体型		可用部分的自然物或人工物，如木墩、石柱等。这种形式的座椅私密性较大，相互间干扰较小
直线型		基本的长椅形式，适合一群人使用，但对两端的人交流有所影响，使用者的主动距离约为1.2m
转角型		这种形式适合双面交流，而不致于膝盖互碰，角度的变化适合人的互动关系
围绕型		适合于单独使用，不适合群体间的互动。当人多时，人与人就会有所碰触
群组型		这种形式可产生多种子空间，适合不同人的活动需要，灵活多变，具有丰富的空间组织形态

图5-19 布局形式及与人的关系

空间·设施·要素
Space·Facilities·Element

（五）游乐设施

1. 儿童游乐设施

孩子的游戏过程是一个成长的过程，孩子通过大脑来指挥和协调游戏的行动，反过来游戏也在刺激大脑的发展。好的儿童游乐设施设计，是要用这些游戏器械把儿童共同的特点与爱好联系在一起，交流、协作、体会群体的快乐。所以设计儿童游戏设施应该是提供给孩子们更好地、更容易地相互交流的机会。

（1）儿童游戏设施的典型形式

儿童游乐设施的主要类型有沙坑、滑梯、嬉水池、秋千、攀登架、木马、跷跷板、游戏墙等，以及组合式设施（图5-20）。

①沙坑

在儿童游戏中，沙戏是重要的一种建筑型游戏形式。儿童踏入沙中即有轻松愉快之感。儿童在沙地上可凭借自身想像开挖、堆砌。沙坑深度以40～45cm为宜，且配置经过冲洗的精制细沙，为了防止沙土流失，坑沿可用木制或橡胶缘石进行加固。其选址宜在向阳处，并应定期更换沙料，大一点的沙坑可与其他游乐器械，如秋千、独木桥等相结合。

②滑梯

滑梯是一种结合攀登、下滑两种运动方式的游戏器械。滑梯的宽度为40cm左右，两侧立缘为18cm左右，滑梯末端承接板的高度应以儿童双脚完全着地为宜，且着地部分宜为软质地面。下滑时可有单滑、双滑、多股滑道，可结合地形坡度设置滑梯并以曲线形、波浪形、螺旋形设计造型，创造丰富的景观效果。滑梯的材料宜选用平滑、环保、隔热的质材。在滑梯周围要设置防护设施，以免儿童摔下受伤。

③嬉水池

与水亲近是儿童的天性，用地较大的儿童游戏场常常设置嬉水池。供儿童游玩的嬉水池水深约在20cm左右，也可局部逐渐加深以供较大年龄儿童使用，但需做防护设施。嬉水池的平面形式可丰富多样，与伞亭、雕

图5-20
左：杭州某小区儿童游戏沙坑
中：广州某小区内的滑梯、秋千、木马
右：德国儿童攀登架

塑、休息凳等其他设施结合，水的形态可与喷泉结合设计，使水不断流动以减少污染。嬉水池底应浅而易见，所用地面材料要做防滑处理。

④游戏墙与"迷宫"

游戏墙与迷宫是可训练儿童辨别力的游戏设施，其造型丰富多样。设置高度在1.20m以下的各种形状、厚度的游戏墙，并在墙上设置不同形状、大小的孔洞，以供儿童钻爬、攀登，甚至可在上面涂鸦绘画。

"迷宫"是游戏墙的一种，可用绿篱植物等软质材料围合。另外利用混凝土的可塑性制作出各种迷宫形式的城堡、房屋、动物造型，设计出受儿童喜爱的迷宫形式。在设计时应注意避免锐角出现而伤及儿童。

⑤攀登架

主要锻炼儿童的平衡能力。用木材或钢管组接而成，常用攀登架每段高0.5~0.6m，由4~5段组成框架，总高约2.5m左右，攀登架可设计成梯子形、圆柱形或动物造型。

⑥组合式

把不同类型的游戏器械组合，可以节省设备材料减少占地面积。有直线组合、十字组合、方形组合。由于组合复杂常由专业厂家制作，在形式、材料、色彩上非常具有吸引力，常用材料有玻璃钢、高强度塑料等。红黄蓝绿等明快色彩配置和积木式组合构成一个醒目的儿童化游戏设施形象。

（2）设计要点

①要设计好的儿童游戏环境关键是要掌握新时代儿童的心理特征和认知水平，要从儿童的角度去考虑，能够激发儿童自发地进行创造性游戏。

②由于儿童游乐设施色彩突出、造型活泼，易于形成区域，所以儿童游乐设施要有专门的场地分区。儿童外出多有大人陪同，周边还需设置一定的休息设施，以供大人的看护之用。

③地面铺装宜采用质地柔软、施工简单、色彩丰富艳丽的铺设材料，还可结合儿童心理加以图案点缀。

④要考虑游乐设施的造型、结构、材料对儿童的安全，可多使用天然材料，给予儿童接触自然的机会，同时便于维护、修缮和管理。

2．老年人健身设施

近年来，随着我国人口老龄化现象的逐渐显现。关爱老人，重视老人，特别是给老人建立一个有益、合理、安全的健身场所显得尤为重要*（图5-21）*。

（1）老龄人活动区的设计方法

①老龄人活动空间的选择

空间·设施·要素
Space·Facilities·Element

图5-21　老年人健身器材

　　进行体育锻炼是老年人晚年生活的主要方式，因此我们在老龄人活动区区域选择时就要考虑到这一点。其位置最好选择在离居住区较近的地方，如步行道的交叉口、单元入口等处，同时使老龄人有更多的机会与邻里、与外界社会即兴接触与交流。此外，邮局、菜市场、商店、老龄公寓、文化中心等社交空间也是较理想的活动场所。

　　②老龄人活动空间的设计

　　老龄人活动空间，一般分为动态活动区和静态活动区两部分。

　　在动态的活动空间中，主要提供各种运动场地或空地，为老龄人的运动、健身等活动提供基本保障。另外由于老人随着年龄的增加，记忆力、视力的减退，方向辨别感会降低，老人走路的平衡性会出现比较大的问题。其步行道应设置明显的导向标志，通过色彩、大小、形象的突出性和易辨识性，对老龄人减退的机能给予补偿。

　　在静态活动区中，休息空间的位置宜选择在大树下、公共建筑的廊檐下、建筑物的出入口附近、小区内交通流线的交集处等，休息空间的设计要具有连续性，并提供遮阳或依靠的环境设施，以满足老龄人在室外活动之余的观望、晒太阳、聊天、下棋、弹唱等娱乐活动。在设计时，要注意动态空间与静态空间保持一定的距离，以避免产生干扰。

　　（2）老龄人室外活动运动器械的设计要求

　　①无障碍设计

　　老年人健身设施主要存在于社区居住场所内外，老年人健身设施除了设置一定的成人健身设备外，还要参照残疾人设施形式，进行无障碍设计。

　　②易于识别性

　　老人随着年龄的增加，视力、记忆力、辨别力等都会逐年衰退，所以运动器械在设计时就要充分考虑到这种因素。运动器械使用说明要在器械旁边合理的位置用比较醒目的字体标出；同时还要注意放置使用说明的载体也要选取比较耐用的材质，以防日晒、雨淋后变模糊，影响老人的辨识。运动器械的开关、按钮都要用比较醒目的颜色标明等。

二、景观系统设施设计及其在城市空间环境中的运用

（一）建筑小品

1．围墙

在城市空间环境中，人们为了追求方便、舒适和卫生的条件，同时也希望获得安全感，因此就必须考虑设置分隔、围合设施。围墙是限定空间的重要要素之一，是划分空间、隔断人流的重要手段，在使用功能上起到防卫、分隔的安全作用。随着空间功能的变化和设计理念的进步，围墙作为组成空间环境的设施，在设计中除了必须具备实用功能外，还应加入科技含量较高的现代材料和设备，更加注重其美化和装饰环境的功能，突出其在视觉上的艺术效果，对改善城市整体景观起到更大的作用（图5-22）。

（1）主要分类

①围墙的形式很多，从分隔空间、阻挡视线的角度来归纳，主要分为封闭型、开放型、半开放型和景观墙体四种。

②从围墙的砌材来分，有混凝土墙、预制混凝土砌块墙、砖砌块围墙、花砖墙、石面墙、铁制围墙、木制围墙、竹制围墙等。

（2）设计要点

①围墙必须具有一定的稳固性，影响稳固性的要素有砌体、高厚比、墙面接缝、地基沉降、水的侵蚀、墙体材料及组合方式等。如设置木制、竹制围墙要使用有耐久性和经过防腐处理的质材,铁制围墙要对材料进行防锈处理等。

②围墙既是空间环境设施，又是一种硬质景观。与花坛、花台、树丛、竹林、山石相结合可形成具有自然情趣的绿带，同雕塑、水景结合形成景观焦点。

③围墙的高度从地面升起30cm，就能划分出两个景观范围，但能保持视觉上的连续性；如果升高120cm时，则人的身体大半部分看不到，这种高度除了区分空间，还给人以某种心理上的安全感；到180cm时则可起到完全分隔的效果。

2．大门

（1）建筑大门的分类

在城市空间环境中,建筑大门是环境设施的重要组成部分，它们的内容丰富多彩，形式多种多样。

①按照开启动力可分为自动大门和手动大门；

②按照开启方式分为平开门、推拉门、提升门、升降门、折叠门等；

空间·设施·要素
Space·Facilities·Element

③按照材料分为铁门、铸铁门、铝门、铸铝门、不锈钢门、木门等。

（2）建筑大门在空间环境中所起到的作用

①建筑大门对内外空间起到衔接的作用，同时也赋予人们一种视觉和心理上的转换和引导。

②不同空间环境的类型，其外部形态也具有不同的特征，建筑大门为不同空间环境的类型和性质提供一定的视觉信号，是环境景观的标志，起到增强识别性、领域性、归属感的重要作用，同时也表现了一种特定环境的时代文化、区域文化和民族文化相融的文化内涵（图5-23）。

③作为一种独立的建筑形式应注意其设计上具有建筑感和标志感。作为环境设施的一部分在风格上应更注意与周围环境的统一协调。

（3）设计要点

①大门的形象影响着整个环境的风格，大门的尺度应同时考虑到人体尺度和空间环境的尺度，符合具体的功能要求，做到视觉上的安全和平衡感。

②建筑大门的规划、设计要结合所处的位置和所在区域的历史、社会、文化特征，注重在体量、造型、色彩、材料等方面反映区域特点，与环境和谐统一，充分发挥其对区域空间景观的活化作用。

③建筑大门的设计要有独特的构思、新颖的创意，富有个性的标志化形象，使其成为空间环境的视觉中心。

④在考虑大门的建筑形式的同时，也要对它的实用功能进行分析。如满足车辆行驶需求，精心设计门灯、门牌、邮箱等细节功能的位置和形式。对细部的重点设计，更能体现大门的风格特征和对人性化的关注。

上＝图5-22 天津万科水晶城内用砌块与绿化、铁架组合成虚实相应、质感协调的景观墙体
下＝图5-23 上海金茂大厦入口造型

3．亭

现代城市环境中的亭，有别于传统园林中的亭子，因其采用现代材料制作、工期短、费用低，加之式样更加抽象化、色彩对比大胆、极富现

第五章 各类环境设施设计及运用

代感,而成为建筑艺术小品。在实际空间环境设计中,常结合公共绿化设于居住社区、办公环境或路边等处,既可供人休憩,还在环境中起到点缀园景之用*(图5-24)*。

设计要点

①亭一般有基座、亭柱、亭顶三部分组成。由于亭内会形成阴影,地面不宜种植草皮,同时为增加适用性,在内部需设置可供休息的栏椅等附设物。

②亭柱构造材料,有木材、砖石、竹杆、金属材料和混凝土等。亭柱是亭的承重构件,形式有方柱、圆柱、多角柱、空格柱等。设计时其尺度和亭的艺术造型相结合,外部装饰及色彩尽可利用当地自然材料。

③亭顶有支撑结构和覆盖材料组成,由于亭子往往是被观赏的环境设施,亭顶处在视线之上,设计时应考虑支撑结构的造型、色彩等,进行艺术处理。

④细部设计是体现亭的具体性格特征的重要手段,良好的比例、体量、色彩等,是亭子设计成败的关键。

4．棚、廊

棚、廊的功能是为了满足休息、娱乐、通行、分隔、联系空间的需要。在总体布局上,其位置无一定限制,水边、绿地、平台、墙边、门前都可设置。

棚的概念和形式比亭更大,其用途决定它的设计形式和位置*(图5-25)*;廊是为满足休息、游览、通行、分隔、联系空间而设置的空间设施*(图5-26)*。棚、廊均有临时型和永久型两种。

上=图5-24 广州某小区休息凉亭,亭顶的花式造型与周边的树木相呼应
中=图5-25 上海世纪公园内露天舞台的帆布篷,造型生动、谐趣
下=图5-26 无锡市民广场的造型独特的休息廊

（1）棚的设计要点

①棚根据其用途在尺度上可作相应的处理,以满足人的视线、心理需求及对采光和通风的要求。在一般的位置可作独立的小型建筑物使用,较大一些的棚,应纳入整体空间环境进行设计。

②棚的材料多用现代材料,有金属、帆布等纺织品、索膜结构等,其

左=图5-27 杭州湖滨路上的木构柱架,在日光的照射下形成丰富的斑驳效果
右=图5-28 杭州信义坊的花岗岩柱子与青铜器具组合,透出浓厚的传统文化氛围

构造形式与亭相似,均由柱和顶组成,由于其顶面积较大,应适当考虑排水要求。

(2)廊的设计要点

①廊的设置位置比较灵活,主要以满足人们通行为原则,在室外空间中宜设在人们常接触到的地方。如水边、绿地、平台等地。

②廊在空间环境中,有联系、分隔空间,平衡构图之用,其艺术功能往往大于实际功能,可作为整体环境的视觉中心。

③廊也是有柱、顶组成,材料可分木材、金属板、砖石、混凝土、玻璃、复合材料等。

5．架、柱

架、柱在城市空间环境中,同样也是起到满足人们休息、通行、限定、联系空间之用和美化、点缀环境之用。

架与棚、廊的区别在于顶部的封闭程度,架具有顶但为透空,其装饰性更强,常常与攀延植物结合而成立体绿化,形成独特的空间性格 *(图5-27)*。

柱脱离建筑实体,从承重构件中解脱出来,依所处空间的大小和性质,主要起到装饰和延续空间的作用,并体现一定的传统文脉。在现代城市空间环境中,还结合灯光、音响设备,来增加空间层次 *(图5-28)*。

6．步行桥

人车分离交通通常采用立体分离的立交桥形式、平面分离的护栏与地载抬高形式、时间分离的交通信号形式。本节主要讲述的是一种供人步行游览的步行桥，也称做园桥或景桥。起到联系交通、贯通空间之用。可分为横梁桥型、弯桥型、斜拉桥型和桁架型等。

设计要点

①在城市空间环境中，步行桥的观赏价值往往大于使用价值，在大水体中可起到分隔水域、丰富空间的作用。

②步行桥的形式应与其所处环境的地形相结合。如在水面较小的池塘处设置低平小桥，使其贴水面而过，以便使人能亲水体，并形成完整的水面空间；水面广阔平淡处，设置弯桥、斜拉桥等桥型，使桥身空透并架于水面之上，产生倒影，形成空间渗透，增加层次感。

③作为城市空间环境中的设施之一，步行桥在造型、色彩设计上可丰富明快、大胆变化。

7．室内小品

室内小品的种类非常多，凡是具有美化、观赏价值的室内构筑物或陈设品，基本上都属于室内小品的范畴（*图5-29*）。

（1）室内小品的类型

从功能而言，室内小品可分为实用性和装饰性两大类。实用性室内小品包括室内楼梯、梁柱、家具、灯具、卫生洁具等；装饰性室内小品包括雕塑、绘画、绿化及经过设计的室内地面、墙面、顶面等室内空间景观要素。

（2）设计要点

①满足整体环境观

室内小品设计，不管是实用功能还是视觉效果均需适应室内整体大环境，结合室内风格，确定小品的内容、格局、形态、色彩、材质和工艺。它既为室内环境所制约，同时又影响着它赖以存在的环境。

②满足人的心理需求

图5-29 意大利米兰中央车站的大型拱形顶

室内小品除了一些实用性小品要兼顾使用方便的要求外，大部分的室内小品主要是满足人的视觉审美需求，因此要理解室内环境对人的心理变化的影响，从而考虑人的心理需求的空间范围。

③具有一定的文化性与艺术性

用设计中的美学法则，即环境设计的一些规律，来指导和检验室内小品的尺度、质感、色彩等因素是否协调，并体现一定的文化与艺术内涵。

④体现一定的民族性与地域性

空间·设施·要素
Space·Facilities·Element

解决现代形象和民族风格的矛盾，应运用现代的设计手段和审美原则，创造出既有民族风格又有现代感的室内小品形象，并使之符合当地的形象要求。

（二）水景设施

水是生命之源，与人类的生活息息相关，水是人类赖以生存的最重要的物质之一。

自然界的水体有静态和动态两种形态。静态的水给人以心理上宁静和舒坦之感；动态的水以其动势和声响，创造出一种热闹和引人入胜的环境气氛。不同形态的水，会给人产生不同的视感，配合特定空间环境进行组织设计，既可获得相得益彰的功效，又可创造特定的视觉主题。

在现代城市空间环境设计中，常以"水"为题材，创造出以水为主体或以水为中心的空间环境。水景与雕塑、绿化等设施相互构成的有机环境生态景观已成为城市文化的魅力体现，也充分表明了人们向往大自然，追求美好景观环境的情感（表5-2）。

（1）水体形态

水景设计应手法自然，以无形变有形，并要不断求新。水体形态造型手法有以下几种：盈，水满且静；淋，水束密集而下；喷，水因压力大而喷出；泻，水跃阶成瀑；雾，水压大而喷口细则成雾；漫，水因池满而溢流；流，水因重力而流动；滴，滴水落音成景；注，流水成柱注入水体；涌，涌泉而成滩景、池景（图5-30）。

图5-30 各种水景形式

类型	特征	形态	特点
池水	水面开阔且基本是静态水体	点式	所占区域较小,水面平静
		面式	水面开阔且平静
		线式	细长流动的水面
流水	以线的形态流动的水景	溪流	蜿蜒曲折的潺潺流水
		渠流	规整有序的水流
		漫流	四处漫溢的水流
		漩流	绕同心作圆周流动的水流
落水	从高处跌落的动感水体	自然跌落	突然跌落呈自然形态的水流
		叠流	落差不大的跌落水流
		壁流	附着界面流下的水流
		孔流	自孔口或管嘴流出的水流
		水幕	自由下落且落差较大的水流
喷水	自下而上喷出的水体	喷泉	具有一定力度和形状的水流
		涌泉	自水下涌出的串串气泡或水花

表5-2 构成水景的基本水流状态

左上=图5-31 自由、随意的庭院点式水面

右=图5-32 托马斯·丘奇设计的唐纳花园内的肾形水池,以流畅的线条及池中雕塑的曲线,呼应远方的海湾

左下=图5-33 杭州花圃内驳岸自由的线形水面

（2）设计注意点

①确定水的用途。如观赏、嬉戏、养鱼等;②是否需要安装循环装置;③是否需要安装过滤装置;④是否需要配置照明;⑤是否需要借助动力;⑥管线、结构、防漏、防冻等措施的安排。

1.池水

池水是水景设计中常用的组景方法,是城市空间普遍采用的静态水景形式,一般以水池的形式出现,根据规模的大小,可分为点式、面式和线式三种形式（图5-31、5-32、5-33）。

点式水池是指较小规模的池水面,由于所占区域较小,在整个环境

空间·设施·要素
Space·Facilities·Element

中往往会成为空间的视觉焦点，起到点景的作用，并丰富、活跃环境气氛。

面式水池是指规模较大的水域，常成为空间环境的视觉主体，在整个空间环境中能起控制周边环境景观的作用。根据所处环境的性质、空间形态、规模，其形式可灵活多变。面式水池在环境景观中应用极为广泛，其水面可与其他环境设施小品如汀步、曲桥、廊舫、亭榭等结合，可在水中形成倒影。同时池内配置山石、雕塑、种植水草、游鱼，来增添水池生机，成为观赏景观。设计时，在规则的几何形池岸边，可以在适当位置设置或嵌入体量大的自然整石，以消除岸边的生硬感。对不规则池面，可组成复杂的平面形式，或叠成立体水池，来强调水际线的变化。

线式水池是指细长的水面，具有一定的方向感和深度感。为避免水面平坦而单调，可使水池深度有高差变化，并与石块、雕塑、植物等设施结合起来。

不管池水的形式如何，设计首先考虑其基本功能要求，如为嬉水之用，要保证安全性，水深控制在30cm以下，在池底加以防滑处理，并配置相应的设施及器具。其次考虑水池的防渗、防冻及结构问题。如有池底设备的话，还需处理好池底的各种管线的进出、连接关系。

2. 流水

流水在现代空间环境中应用较为广泛，以线的形态构成流动的水景环境，常有溪流、渠流、漫流、漩流等形态。如采用自然的做法，可使区域景观得以连续，并软化整体环境，结合潺潺的流水声与波光潋滟的水面，增强了空间的伸展感和节奏感。在城市空间环境中的流水，一般坡势应根据地势及排水条件而定，急流处为3%左右，缓流处为0.5%~1%左右。设计时应先明确其功能，进行水底、堤岸、水量、流速的调整。对于行人有可能涉水的区域，其水深应在30cm以下，

上＝图5-34 莫斯科中心广场的阶梯状流水
中＝图5-35 日本某旅店入口招牌，用落水的状态来增强视觉冲击力
下＝图5-36 俄罗斯夏宫的姿态各异的喷水景观

以防儿童溺水（图5-34）。

3.落水

流水是利用水位高差，靠人工组织、机械传动或自然跌落，使水从高处跌落下来，形成一定的水幕，产生动感，给人以视觉和听觉上的刺激（图5-35）。

自然跌落式要结合自然山石，可形成丝落、披落、乱落等形态，由于水的流速、落差及落水组合方式、落坡的质感、设计形式的不同，可形成多种景观效果。

人工跌落式多用于现代城市空间环境中，其形式有重落、泪落、线落、帘落、滑落、叠落、溢流、管流、壁泉等，水槽水量、出水口水平光滑程度及滑落界面的色彩、纹理直接影响落水的形态和质量，可使用电动水泵，结合声、光、电技术，或与雕塑、小品等设施相结合，造成强烈的艺术效果，形成能引发人们想像的形态。

落水设计同时还应考虑水池、喷泉等其他理水形式，相互结合处理，产生更为丰富的水景形态。

4．喷水

喷水包括喷泉和涌泉，以其独特的动感水体形态，广泛应用于城市广场、居住小区、公园、街道、室内庭院等空间环境中（图5-36）。

在城市空间环境中，喷泉主要以人工喷泉的形式出现，借用动力泵驱动水源向空中喷出，利用可调节的喷射高度和角度，结合灯光照明设计，以及电控音乐，声、色、形集于一体，创造出不同的喷泉形态，成为环境中的视觉焦点。

涌泉是水体自地下向上漫溢，将水面激起层层细微的波纹。涌泉的形态和流量均不大，因而可以使环境更加清幽静谧，又不失单调。

（三）绿化设施

绿化是各类植物构成景观空间的方法，是城市空间体现生命力的重要设施要素之一，是城市环境设施中不可或缺的一部分。绿化设施设计应了解各类植物具有的化学、物理等功效，熟悉各类植物的生态、观赏等特征。

1.绿化的功能

①实用功能

空间·设施·要素
Space·Facilities·Element

在城市空间环境中,绿化具有特定的空间形态,可调整空间视觉,起到丰富视觉层次、营造特定氛围的作用;同时可设置成较强的动态结构特征,来分隔与组合空间,并引导人流动向。

②生态机能

绿化是有生命的个体,可以调节地区环境小气候、温度与湿度,净化空气和减低噪音、污染、辐射等,降低沙尘流失与阻挡风速,保持区域环境的生态平衡。

③景观功能

以一定密度规模的绿化设置,来组织或加强城市空间结构,调节城市立体空间的均衡与节奏,构筑安全舒适的环境,形成视觉遮蔽与拓展,创造景观生态主题气氛等。

2.绿化设施的形式及设计要点

城市空间环境中,各类植物常借助于树池、花坛、种植器等设施来形成绿化景观。

(1) 树池

常用于广场、人行道等硬质铺装环境中的乔木栽植。树池设计首要考虑的是树木生长的要求,根据成年树的胸径确定其大小,同时满足树木的通风、透水的要求,并加以一些辅助设施来保护树木。如树池内放置卵石可以使树木与道路硬质铺装相融合,也可抬高池边与休息设施相结合 (图5-37)。

(2) 花坛

花坛是由草坪和花卉等组成一定的装饰图案的花池与有一定高度或立体的花台组成。花坛是庭院、广场、街道、公园等地不可缺少的景观要素,对表现环境意象,渲染空间气氛起到很大的作用 (图5-38)。

花坛的底部直接与地面相触,适宜植物生长,一般不需要设排水设施。为了避免人们的践踏,花台部分通常应高于地面40cm以上,底下设

左=图5-37 充分考虑到排水、休息功能的树池设计

右=图5-38 杭州黄龙体育中心广场绿地内的花坛

盲沟排水，材料采用混凝土、砖石、天然材料等与周边环境统一协调。可与座椅、栏杆、灯具等其他环境设施组合，创造亲切、宁静的景观环境氛围。

花坛一般面积较大，为了突出轮廓变化，花坛中心部位应高于四周，坡度以5%~10%为宜。

（3）种植器

种植器是为绿化种植塑形的容器，有花盆、花钵等形式。具有搬运方便、适应性强、形态美观等特点，可根据空间环境的要求进行有组织地布置，可形成一个丰富、连续的景观效果（图5-39）。

对种植器的设计应考虑到所栽植物的生长要求，容器的深度随植物效土层的厚度作变化。一般花草类30cm，灌木45~60cm，中木60~90cm，乔木90~150cm。盆内土壤需做特殊处理，盆底设泄水孔，形态以几何形及其组合为佳。

（4）草坪

草坪是经过人工修剪平整的密植矮小草地。一般用于环境景观的辅助性空地，供玩耍、游戏之用（图5-40）。

不同城市空间环境内的草坪，其设计的方式和侧重点均有所变化，为使草坪不致单调，应有至少3%的坡度。在开放性的公共区域，可与雕塑小品、公共设施、喷泉水景等组合，以创造功能多重的空间层次；在建筑周边的草坪，可根据空间的尺度、位置、地形、建筑物等构成要素的具体情况，采用不同标高和形式的组合处理，创造出既与环境尺度相协调统一，又满足空间内视觉的层次感和纵深感。

左=图5-39 上海新天地内搬运方便的木制种植器
右=图5-40 种植成一定花式的水边休憩草坪

空间·设施·要素
Space·Facilities·Element

（四）传播设施

1. 壁画

随着现代工艺技术和材料技术的发展，壁画在现代城市空间环境中具有举足轻重的作用，壁画的形式和材料也出现了日新月异的变化。现代壁画已经脱离了单纯的保护和装饰建筑物的作用，开始和建筑空间环境紧密结合，追求壁画的形式和建筑主体的有机结合。

现代壁画在材料上也不拘泥于原始的颜料，开始运用各种软质、硬质材料、灯光甚至多媒体效果来综合制作完成。现代壁画按所用材料分可以分为丙烯画、油画、传统重彩壁画、湿壁画、漆画、版画、玻璃彩画、编织壁画、陶瓷壁画、马赛克镶嵌壁画、木质壁画、泡沫板雕、刻灰壁画、石膏浮雕、玻璃钢浮雕、铜浮雕、砖雕、综合材质壁画等。

壁画按其功能可分为装饰性壁画、纪念性壁画、娱乐性壁画、临时性壁画等等。装饰性壁画是以特定的图形和建筑物结构有机结合，起到装饰建筑物、暗示建筑物使用功能、美化环境的作用；纪念性壁画是以纪念历史事件、政治文化、风俗、宗教、伟人等历史上出现的重要事件、人物为主题，在公共建筑中起到教育、宣传和弘扬时代精神之功能；娱乐性壁画是一种轻松的、抒情的、幽默的、想像力丰富的、在公共场所调节

人们生活节奏的媒介，合理地考虑到环境的特点，创造生动、活泼、神奇有趣的环境气氛；临时性壁画是画在旧有的房屋面墙或新建的工地楼房墙壁上的大型广告画，起到临时的掩饰和装饰作用（*图5-41*）。

图5-41　反映杭州古城文化生活的装饰壁画

2. 道路广告

道路广告是一种专门设置在道路两侧，呈平面、立体造型，传达公共信息的立体形态广告设施。主要以宣传和推销商品为目的，通常制作成大幅画面安装在特制的框架上，并配以灯光照明。由于路牌广告具有色彩鲜艳、画面醒目逼真、立体感强、再现商品魅力等特点，易于被人们接受，所以深受路人的欢迎和广告主的青睐，在户外广告中被采用得较为普遍（图5-42）。

由于路牌广告已成为一种覆盖面很广的户外广告媒体，对城市环境的影响较大。因此，对道路广告的设计与安放应有宏观的把握和定位。

3. 灯箱广告

灯箱广告主要是在夜间以展示商品或信息的一种传播工具。它由灯具、箱体和画面三部分组成，灯箱广告大多设置在商店内外、街头或路边等地方。灯箱广告通过箱体内灯光照明，使箱面上的画面产生强烈的光彩效果，在夜晚幽暗之时，给夜晚增添了艳丽的色彩，美化了城市，也吸引过往行人的兴趣和注意力，同时还对行人夜间行走提供了方便（图5-43）。

灯箱广告按功能分可以分为招牌型、装饰型和广告型三类。招牌型灯箱以其具备较为理想效果，常被商场、酒店以及沿街店面广泛应用，成了绝大多数招牌的首选；装饰型灯箱是以喷绘、写真画面做成灯箱，用于商场的内部点缀装饰，无疑是豪华高档商场内部装饰的主要手段；广告型灯箱以灯箱形式发布广告，已迅速发展到超大型的路牌、候车亭等。

由于灯箱广告也大量存在于城市空间环境中，因此灯箱广告对环境的影响也是不容忽视的。在设置、设计灯箱广告时一定要充分考虑与周

左=图5-42 杭州延安路的街头广告
右=图5-43 纽约曼哈顿区的灯箱广告

空间·设施·要素
Space·Facilities·Element

边环境的协调。同时，可在规划设计建筑物或景观时，考虑给商家留出合适的空间以配置灯箱广告。另外在设计、安装灯箱时一定要考虑到灯箱日后的安全、维护等因素。

4. 商业橱窗

商业橱窗是展示商品的一个重要形式，它不仅是商场推销商品的窗口，还是其建筑形体的装点。橱窗设计的要点主要是对商品的选择、组合、陈列以及道具、色彩、灯光等的安排。对城市而言，五颜六色的橱窗成了城市商业文化不可缺少的点缀。因此做设计时在追求美观的同时，还要体现出强烈的商业气息，让人接受美的吸引后，对商品产生好感，从而产生购买欲望（图5-44）。

5. 立体POP

POP广告是POINT OF PURCHASE的英文缩写，意为销售点或购物场所的广告。它是一种在销售点进行的、具有广告宣传特征的展示形式。在商业活动中，POP广告是一种非常活跃的促销形式，它与商品同置一个空间并紧密结合起来，可以直接影响到商品销售，所以被认为是促成买卖的广告（图5-45）。

POP广告可以分为：消费者可以从各个角度观看的悬挂式POP；与商品紧密联系的柜台式POP；具有装饰效果的墙壁POP；有与人同大或比人还要大的立地式POP；具有节日气氛的吊旗式POP；放置在橱窗内的展示POP；还有动态POP、光源POP等等。

6. 活动性设施

活动性设施是指在节庆日期间，为了吸引顾客或者渲染喜庆氛围而在室内外搭建的临时性设施。街头悬挂的灯笼、建筑装饰的彩门、鲜艳的旗帜等都属于此系。近几年，随着节庆日的增多，各地的旅游、购物

上＝图5-44 日本商场外具有雕塑感的"树"形展示橱窗
中＝图5-45 卡通味十足的立体POP
下＝图5-46 吉祥物装置的室外活动设施

活动异常火爆。为了在追求喜庆氛围的同时，也要追求形式的新颖性以期更大限度的吸引顾客的眼球，其中比较重要的一种手段就是在商场建筑内外和购物环境中增添节日喜庆气氛的活动性展示设施 *(图5-46)*。

（五）景观雕塑

景观雕塑是城市环境景观设计的重要组成部分，许多优秀景观设计都很注重合理运用景观雕塑。景观雕塑能够充分运用其材质、肌理、造型、虚实空间和建筑环境共同构成一种表达一定含义的空间环境。

景观雕塑一般分布在城市广场、公共建筑内外、园林、居住区、街道等处，与各种场所特性相融合，扮演着各种标志与象征的角色。

1. 广场景观雕塑

广场景观雕塑作为一个区域或城市的标志性构筑物，现在已越来越受到人们的重视。广场景观雕塑常常布置在行政、文化和商业区的密集中心，是人们在休闲、文化、集会时的依附设施之一。广场景观雕塑的内容，主要以城市标志性为表现形式，有以表现体育形象为主，有以展示现代社会风貌为主，有的则以弘扬历史文化为主等等。

广场景观雕塑一般体量较大，保留的时间比较长，造价相对较高，因此在雕塑与景观的规划设计上要十分慎重。广场景观雕塑应具有丰富的内涵和较强的视觉冲击力，它既要与周边环境互为融合，并能起到引领广场视觉中心的效果，又要表现一定的主题意义。这就要求在规划设计时，对雕塑尺度、体量、色彩、材质的选择，以及是采用群体还是单体雕塑等方面均应周详策划，以符合具体场地的要求 *(图5-47)*。

2. 建筑景观雕塑

建筑景观雕塑是指存在于公共建筑室内外，起到装饰建筑环境、树立建筑形象和提升文化内涵作用的雕塑作品。公共建筑包含的范围十分广泛，因此建筑景观雕塑的数量和形式也比较多，是现代城市建筑空间中不可缺少的景观要素 *(图5-48)*。

在进行建筑景观雕塑设计时，不但要考虑雕塑在建筑空间的美观性，同时还要把建筑本身功能考虑进去，达到一定的指示识别作用。好的建筑景观雕塑能够通过材料、结构和造型的变化丰富建筑空间，同时借助有效的设计手法，使公众产生联想，在识别地区特殊属性的同时又深切体验到一种空间的情趣。

空间·设施·要素
Space·Facilities·Element

3. 园林景观雕塑

园林景观雕塑是指安放在各种形式的园林、公园与绿地中，起到点缀空间环境、营造人文气息的作用。构思新颖，形式多样的景观雕塑往往能传递信息，引起人们的思考和拓宽人们的知识面；造型生动，富有趣味性的景观雕塑，往往比较符合儿童的心理，并寓教于乐*(图5-49)*。

因此，在进行园林景观雕塑设计时应该把树木、花草、池塘、小径以及亭廊等多种要素巧妙地结合起来，形成新的景观环境。同样，公园也是休息的场所，所以雕塑设计应该从休息娱乐方面去处理题材，使人们在漫步公园时得到情感的陶冶和心理的愉悦。

近年来，我国有些城市相继推出了雕塑艺术主题公园，许多园林和公园中存在着大量的优秀园林景观雕塑，这些活动不但给主办城市留下了宝贵的艺术财富，而且对园林景观雕塑的普及和发展作出了相当大的贡献。

4．居住景观雕塑

居住景观雕塑是在居民居住区内设置的雕塑作品。随着社会经济的发展和人们审美需求的提高，我国居住区空间环境的改善迅速提高，居住景观雕塑在许多地方也开始受到了重视。

居住区庭院是居民休息和活动的重要场所，居住景观雕塑要注意到满足人们的休闲放松心理，其主题和形式要力求柔和、亲切，应贴近人

左＝图5-47 苏州工业园区内面向金鸡湖的雕塑——"圆融"
右＝图5-48 澳大利亚国会大厦正面主入口的81m高的巨大不锈钢抽象雕塑——旗杆，造型简洁，从很远处就吸引着人们的视线

们的生活。因居住区庭院空间相对狭小，雕塑的体量、尺度设计上要与人的可视尺度相接近，避免过分让人仰视。

规划与设计居住景观雕塑时，要能够充分结合当地的传统与历史，尊重人文情趣，要使景观雕塑能够对提高居住区人们的审美能力上起到一定的引导作用（图5-50）。

5. 街头景观雕塑

街头景观雕塑是一种在街道上自由设立的雕塑形式。随着我国经济的发展和人们审美情趣的多样化，街头景观雕塑已是街道景观的重要组成部分，发展势头正趋成熟。如今，我国很多城市已非常重视景观雕塑的作用，如北京、上海、杭州的步行街，都放置了许多造型各异，大小与真人体量相近的街头雕塑。这些雕塑大部分都没有台座，它们很自然地安放在步行街上，这类仿真人的街头雕塑，让参观者感到十分亲切自然，许多游客都争着去和这些雕塑合影留念，已经成为一道亮丽的城市风景线（图5-51）。

街头景观雕塑的设计要符合交通功能，不能对交通视线产生阻挡，影响交通秩序。街头景观雕塑的造型、体量、色彩均要与街头环境相协调，街头景观雕塑因城市的不同街头环境和历史风情而风格各异，它们以写

上=图5-49 杭州湖滨路上充满生活气息的装置雕塑
下=图5-50 杭州信义坊社区内的再现生活场景的雕塑

实的手法生动地再现了当时的人文背景，在题材上比较轻松自如，主要反映了当地的历史风情。街头景观雕塑不仅给城市街道增添了的情趣，还能勾起人们的怀旧之情。

6. 水域景观雕塑

水域景观雕塑是指在水环境中放置的雕塑作品。在城市空间环境设计中，把水景与雕塑相结合，利用景观雕塑组织水域，创造出许多美丽的水景景观。在夜晚，如果水景与音乐、灯光、雕塑能够合理结合便可形成美丽的夜景景观（图5-52）。

7.景观雕塑设计要点

(1)景观雕塑的基座

景观雕塑的基座常见的有碑式、座式、平台式、自然式四种。基座是景观雕塑和环境连接的重要环节,一个好的基座设计可增加雕塑的艺术效果。碑式基座多用于纪念景观雕塑。我们在园林景观雕塑、居住景观雕塑中往往采用座式、平台式。其中座式、平台式基座与雕塑高度的比例分别约宜为1/1和1/2。自然式没有或不显露其基座,在街头景观雕塑中相对出现得比较多,基座表面材料与雕塑的材料是否相同则可视情况而定。

(2)景观雕塑的设置

景观雕塑应与道路、绿化、水体、照明等因素结合布置,结合其体量、比例、尺度、形态、动势等因素,烘托环境氛围。因观赏景观雕塑需要一定的水平视野和垂直视角,所以需要考虑提供一定的合理观赏空间以利得到好的视感。

(3)景观雕塑的选材

景观雕塑在选材上根据其主题需要和所处空间环境的要求,运用合适的材质与色彩。常见的材料有大理石、汉白玉、玻璃钢、不锈钢、花岗岩、青铜、金属板、彩色水泥等。

不锈钢、青铜等其他金属材料,在施工时分为浇注成型的方法和金属板锻打成型的方法。大型金属雕塑往往采用外挂方法进行组合安装;玻璃钢因其成型方便、坚固质轻、工艺简单而成为目前市面采用较多材料之一。表面可通过仿真材料模仿石头质感、金属质感及镜面材料;花岗岩、汉白玉等因其耐气候变化性能好、使用年限长而成为室外雕塑常用传统材料。总之,我们应该根据成本造价、表现主题、周围环境、气象条件、保存时间、施工条件等因素选取材料。

上=图5-51 杭州西湖南线的雕塑—嬉鸟、喝茶、下棋
下=图5-52 鸟笼内养的是水中的鱼,极富想像力的水景雕塑

(4)景观雕塑的技术

景观雕塑的设计必然会涉及到一系列的工程技术问题,合理的工艺技术是景观雕塑得以实现的基础。适当运用新材料和新技术,创造出新颖的视觉效果,如借助现代机械、电气、光学效应、光影艺术以及音响技术,产生变化多端的新型景观雕塑。

三、安全系统设施设计及其在城市空间环境中的运用

（一）管理设施

随着城市的发展，城市中作为管理功能的设施种类越来越多。为使这些管理设施有较为系统的设计与管理，就要在城市、区域规划的初始阶段，考虑空间环境管理的各个环节。只有如此这些管理设施才能真正意义上成为城市的管理系统，具有一定的秩序与便利性，可随时处理突发事件，提供安全保障，才能满足人们的各方需求，从而体现城市的活力和魅力。

1. 消防栓及灭火器

消防栓是城市空间环境中主要的消防设施，设置于地面上的消防栓出于保护、使用和耐用等等的考虑，多半采用金属材料，一般约100m间距设置一个，高度约为75cm，以新的造型、色彩来体现其识别性，并融入城市空间环境中（图5-53）；埋设型的消防栓，通常使用金属材料，其盖面与地面铺设统一设计，或设置在建筑墙体内，使消防栓不致于影响道路及周边环境。

灭火器是常见的小型消防器材，常挂在墙壁上，为了让其与空间环境相融合，常采用明确的标识和配套设施，既容易被人发现、使用，又不显呆板。

2. 管理亭

现代城市的高速发展，出现了大量的收费亭、管理亭等城市空间的景观小建筑。如住宅区内的岗亭、街道上的治安岗亭、交通停车处的收费亭、街道保洁亭等。这些管理用亭，必须具有该区域建筑与景观的特点，同时作为独立的管理设施，又要具有基本的功能特征和形象（图5-54）。

管理亭的设计要同场地规划、使用需求、使用目的等相统一，其大小规模根据使用人数而定，一般以1人为2~3m²为宜，如需设置其他配套设施，其面积可适当加大。

各类管理用亭作为独立的环境设施，其造型应与其他售货亭等建筑小品相区别，可通过形态、色彩显示各自不同的功能特点，并以明确的造型获得人们的视觉识别。

3. 井盖设施

随着城市的现代化进程，很多管道、线路等设施逐渐由地上转向地下。这样便出现了路面井盖，由于这些井盖由不同部门、单位各自自行安装，井盖的大小、材料、形态各不相同，配置又缺少秩序化，以至于

空间·设施·要素
Space·Facilities·Element

上左=图5-53 铁架固定的消防栓
上右=图5-54 极具现代感的管理亭
下=图5-55 刻有城市景象缩影纹样的路面井盖，起到丰富地面景观的作用

道路地面显得杂乱无章。为使井盖设施能与地面其他设施相互协调，对井盖规格、造型的统一安排与设计，就显得格外的重要（图5-55）。

井盖作为安全设施系统的一部分，它的基本形状，一般为圆形、方形和格栅形，以铸铁为主要材料，也有与其他地面铺设材料统一的井盖，盖面的规格大小、图形纹样等的变化，会对广场、街道等城市公共空间的地面景观产生很大的影响。

（二）标识性设施

在城市公共空间环境中，人们的行为活动一般表现为劳作、休息、交通、文化、娱乐、通讯等方面，人们所处的空间环境有广场、建筑物、道路、绿化等场所。作为引导和保障人们行为安全的标识性安全导向设施，在城市公共空间环境中起着连接人与环境的重要媒介作用。在密集的人、车流及紧张的工作、生活中，可以有序地、安全地、高效地保障人们的安全。

标识性导向设施运用科学合理的技术与艺术手法，通过对实用性和效力性的研究，创造出满足人在空间环境中行为和心理需求的视觉识别系统。同时，标识性设施的设计客观、准确、规范，在一定程度上是法规、规则等内容的形象化表达，是现代社会管理的具体体现。

随着社会经济的飞速发展，人们对安全意识更为注重，以引导人的安全行动为目的与以警告人们注意危险为目的的标识性设施也在逐渐规范，其中道路交通标识是体现最为充分和直接的设施，它起着极为重要的指南和导向作用。另外高速公路的标识导向系统已呈现立体化、网络化的指示功能。这些设施传达信息准确可靠，保证城市环境的安全，已被大众所认可。

交通标识主要有警告标识、禁令标识、指示标识等几种，它们以不同图形和颜色的搭配来区分（图5-56）。

图5-56 各类交通标识如警告标识的作用是警告车辆、行人注意危险，其形状为顶角向上的等边三角形，颜色为黄底、黑边、黑图案；禁令标识的作用禁止或限制车辆、行人的交通行为，其形状为圆形、八角形和顶角向下的等边三角形，颜色除个别标识外，均为白底、红圈、红杠、黑图案压杠；指示标识的作用是指示车辆、行人行进，其形状为圆形、长方形和正方形，颜色为蓝底、白图案

（三）无障碍设施

无障碍设施系统是专为残疾人设计的设施。在建筑、广场、公园、街道等城市公共空间为各类残疾人提供方便，要求根据使用性质在规定范围内实施规定内容。

1.公共交通的无障碍设计

（1）通行宽度及坡道的设置

地面防滑不绊脚，通过一辆轮椅的走道宽度不宜小于120cm，通过一辆轮椅和一个行人对行的走道净宽不宜小于150cm，通过两辆轮椅的走道净宽不宜小于180cm。两侧应在90cm高处设置扶手，转角处的阳角，宜

表5-3 每段坡道的坡度、最大高度和水平长度（注：加*者只适用于受场地限制的改建、扩建的建筑物。）

坡道坡度（高/长）	*1/8	*1/10	1/12
每段坡道允许高度（m）	0.35	0.60	0.75
每段坡道允许水平长度（m）	2.80	6.00	9.00

图5-57 无障碍坡道

左＝图5-58
中＝图5-59
右＝图5-60

为圆弧墙或切角墙面，坡道的起点和终点应有深度不小于150cm的缓冲地带。坡道的起点和终点处的扶手，应水平延伸30cm以上。坡道侧面凌空时，在栏杆的下端宜设高度不小于5cm的安全挡台。每段坡道的高度和水平超过规定时（表5-3），应在坡道中间设休息平台，休息平台的深度不宜小于120cm（图5-57）。

（2）楼梯与台阶

供拄杖者及视力残疾者使用的楼梯不宜采用弧形楼梯，楼梯的净宽不宜小于120cm，不宜采用无踢面的踏步和突缘为直角的踏步，梯段两侧在90cm高处设置扶手且保持连贯，楼梯起点及终点处的扶手应水平延伸30cm以上；供拄杖者及视力残疾者使用的台阶超出三阶时，在台阶两侧应设扶手。坡道、走道、楼梯为残疾人设上下两层扶手时，上层扶手高度为90cm，下层扶手高度为65cm。对易出现事故的范围，采取相应的保护措施，紧急呼救有人处理（图5-58）。

（3）出入口

建筑物的出入口考虑残疾人使用时，适宜内外地面相平。如室内外有高差时，应采用坡道连接。在出入口的内外应留有不小于150cm×150cm平坦的轮椅回转面积（图5-59）。

（4）城市道路的人行道设置缘石坡道的要求

正面坡的坡度不得大于1/12，两侧面坡的坡度不得大于1/12，正面坡的宽度不得大于120cm（表5-4、5-5、图5-60）。

2．公共卫生的无障碍设计

（1）公共厕所内应设残疾人厕位，厕所内应留有150cm×150cm的轮椅回转面积。

（2）厕所应安装坐式大便器，与其他部分宜隔断加以分隔。

(3)当厕所间隔的门向外开启时，间隔内的轮椅面积不应小于120cm×80cm。

(4)男厕所应设有残疾人小便器。在大便器、小便器临近的墙壁上，应安装能承受身体重量的安全抓杆。对所有用手操作的部位，均能使残疾人伸手可及，且操作简易方便。

(5)公共厕所的门口应铺设残疾人通道或坡道等。

坡度I（%）	限制的纵坡长度（m）
<2.5	不限制
2.5	250
3.0	150
3.5	100

表5-4 纵坡坡度限制

道路设施类别		执行本规范的设计内容	基本要求
非机动车车行道		通行纵坡、宽度	满足手摇三轮椅通过
人行道		通行纵坡、宽度、缘石坡道、立缘石、触感块材、限制悬挂的突出物	满足手摇三轮椅通过，拄拐杖通过，方便视力残疾者通行
人行天桥和人行地道	坡道式	纵剖面 扶手 地面防滑 触感块材	方便拄拐杖者、视力残疾者通过
	梯道式		
公园、广场、游览地		在规划的活动范围内，解决方便使用者通行	同非机动车道和人行道
主要商业街及人流极为频繁的道路交叉口		音响交通信号装置	方便视力残疾人通行

表5-5 无障碍设施的道路设计内容

四、照明系统设施设计及其在城市空间环境中的运用

(一) 概述

1. 照明投光形式

城市公共空间环境的照明以投光照明为主,常采用的投光照明形式有投光灯、聚光灯、泛光灯和探照灯等。

投光灯是以发射镜或玻璃透镜将光线聚集到有限的立体范围内而获得高强度光束的灯具形式,其范围在10°~180°,适合于街道、商业环境及广告设施的照明;聚光灯通常具有直径小于20cm的出光口并形成一般不大于20°发散角的集中光束的投光形式;泛光灯是投光照明中使用最多的灯具形式,其光束扩散角大于10°的广角,适合于城市空间各类场所的照明;探照灯是为搜索照明而使用的灯具形式,光束小于10°,近似于平行光,适合用于广场、高层建筑的装饰造型,能创造新奇的夜景景观效果。

2. 灯具的类型

城市空间环境的照明灯具是用来固定和保护光源,并调整光线的投射方向。设计中要考虑灯具造型的同时还应考虑防触电性能、防水防尘性能、光学性能等。城市空间环境的照明灯具主要有柱杆式灯、广场塔

图5-61 各类灯具

灯、园林灯、草坪灯、水池灯、地灯、壁灯、彩灯、霓虹灯、串灯、节能射灯等（图5-61）。

表5-6 电光源种类及特征

电光源种类	特征
一般照明用白炽灯	白炽灯是用通电的办法加热玻壳内的灯丝，导致灯丝产生热辐射而发光的灯源 可做成便于使用的小型投光器，组成发光图案，用于装饰带照明、廊边照明、花坛的边沿照明。适合于作庭院投光暖色效果的投光照明，易于开关调光。但寿命短，维修麻烦
高压汞灯	高压汞灯是建立在高压汞蒸气放电基础上的，其寿命长，易于维修和选择 用于投光照明，适用于广场、庭院的大面积照明，建筑物立面投光照明及对树木植物的投射配景照明，使树木、草坪等植物的颜色鲜艳夺目
高压钠灯	高压钠灯的光色是金黄色的，由于灯泡的发光体是半透明的，需对反光罩作特殊处理 用于大面积照明，特别适用于褐色、红色或黄色系建筑物的暖色效果的投光照明
金属卤化物灯	是由金属蒸气与金属卤化物分解物的混合物的放电而发光的放电灯，这种灯除了须有镇流器和电容器以稳定工作外，还要有一个分离式触发器 用于显色要求较高的聚光灯照明，适合照射有人的地方。没有低瓦数的灯，使用范围有限。常用于需要冷色效果的受光面上，不便调色和改变颜色
紧凑型荧光灯	将放电管弯曲或拼接成一定形状，以缩小放电管线形长度的荧光灯 适用于装饰带、小图案的投光照明
冷阴极灯泡	其灯管可根据使用目的制成各式的形状，灯的光效虽低，但可重复开关、迅速点亮，且寿命较长，可实现多种动态照明 适用于建筑物发光的轮廓、发光的装饰图案、动态照明
氙灯	氙灯是一个近似于太阳光的光谱，但其发光效率较低 直管形高压氙灯用于大面积照明，亦可作屋檐照明灯，球型高压氙灯可用于聚光照明
紫外灯	用汞产生光线加上特殊的蓝黑玻璃滤色片或通过WOOD玻璃后得到，产生动感装饰照明效果
密封光束灯泡（PAR灯）	适合于照射纪念物或艺术品的装饰投光照明，还可用于水下照明
霓虹灯	主要指利用惰性气体挥发放电的正柱区发光的管形放电灯。适合于商业街区的渲染气氛之用

3.各种灯具光源特征及运用

由于光照本身具有透射、反射、折射、散射等特性，同时具有方向感，所以在特定的空间能呈现多种多样的照明效果，如强与弱、明与暗、单调与层次丰富等等。

城市室外空间环境中常用电光源及特征*(表5-6)*。

（二）各种区域的照明

城市夜景照明是用灯光重塑城市景观的夜间形象，是一个城市的社会进步、经济发展和风貌特征的重要体现。人们已逐步认识到城市夜景照明是一项系统工程，它包括城市的建筑物、道路、街道、广场、公园、绿化及水体等城市其他附属设施。根据城市景观元素的地位、作用和特征等因素，从宏观上规定照明的艺术风格、照明水平、照明色调等，组织成一个完整的照明体系，作为城市夜景建设的依据。

1.道路照明

照明良好的道路，不仅有利于交通效率的提高，而且可以减少交通事故，从而提高交通的安全性。同时，道路照明还要考虑光的高度与色彩、灯具的位置与造型等，即使在白天，灯具也会成为城市的装点要素*(图5-62)*。

（1）城市道路照明的特点

根据我国相关规范要求，我国的城市道路有快速道、主干道、次干道、支路和各区域内的道路等。这些道路的情况各异，对照明要求也不同，设计时既要按照道路照明标准、规范的要求，又要把城市夜景照明总体规划协调一致，具体要掌握以下几点：

①所用光源灯具的造型和色彩应体现该道路的特征。

②设计时要使路面的亮度尽量均匀，并严格限制照明眩光，努力减少光污染和光干扰。

③为满足人们对道路和谐气氛的追求，道

图5-62 各类道路照明

路照明的灯光效应都要与周围的环境浑然一体。

④做好道路夜景设施的维护和管理工作。

（2）光源的选择

城市道路照明灯具的配置包括直立式柱杆照明、悬臂式柱杆照明、装饰照明等。

道路照明灯具的配置应遵循国际照明委员会（CIE）的TC道路照明技术委员会的有关规定 *(表5-7)*。

灯具型	安装高度（H）	灯具间距（D）	道路宽度（W）
非截光型	H>W1.2倍	D>H4倍	W
半截光型	H>W1.2倍	D>H3.5倍	W
截光型	H≥W	D>H3倍	W

表5-7 各类悬臂柱杆灯照明的高、间距关系

（3）照明方式

①灯杆照明

灯杆照明高度在15m以下，照明器安装在灯杆顶端，沿道路延伸按一定的间距有规律地布置灯杆，可以充分利用照明器的通光量，其视觉导向性好。灯具悬挑长度不宜超过安装高度的1/4，灯具的仰角不宜超过15°，这种照明方式适用于一般的城市道路。

②高杆照明

高杆照明通常是指多个照明器安装在高度大于20m的灯杆上，进行大面积的照明，其间距一般在90~100m。

这种照明方式非常简洁，眩光少，由于高杆安装在车道外，有固定式和升降式两种，进行维护时不会影响交通。其缺点是投射到域外的光线多，导致利用率较低，较适用于复杂道路的枢纽点、高速公路的立体交叉等处。

③悬索照明

悬索照明是照明器挂悬在道路中央的隔离带上立杆间的钢索上，这种方式适用于有中央隔离带的道路。一般立杆的高度为15~20m，立杆间距为50~80m，照明器的安装间距一般为高度的1~2倍。

悬索照明的照明器配光是沿着道路横向扩张，眩光少，路面的亮度均匀度、视觉导向性好，湿路面与干路面相比，亮度变化不大，雾天形成的光幕效应也较少。这种照明较适用于潮湿多雾地区的快速道上。

④栏杆照明

栏杆照明是指沿着道路走向，在两侧约1m高的地方安装照明器。由于照明器的安装高度很低，易受污染，维护费用高，照明距离小，有车辆通过时，在车辆的另一侧面会产生强烈的阴影。这种方式仅适用于居

图5-63 商业街照明

住区、商业区等车道较窄处，同时需注意对眩光的控制。

2.商业街照明

现代都市中的商业街主要是满足市民的购物、休闲、娱乐、交往等活动的场所，是城市中最具活力的公共空间环境之一，基本构成由车行道和步行道组成，其照明要求除满足部分机动车以外，更应重点考虑非机动车和行人夜晚出行和行动的便利性（图5-63）。

商业街的照明随着社会经济的发展，不断地得到了创新。夜景照明一定程度上成为城市空间环境中各种信息的有力载体，使得现代都市街道照明景观极其丰富多彩。

（1）照明特点

①商业街的人流密度大，需要有明度、照度较高的灯光照明。

②商业街由于具有很浓的商业氛围，照明形式则应更为多样化。

③商业街照明设施的布置高低错落、动静结合，且融声光电为一体。

④商业街照明灯具的装饰性要强。

（2）设计要求

①应做好整条街照明的总体规划，首先突出照明重点和层次。一般商业街道两侧的灯饰可分三层，高层布置大型灯饰广告，用大型霓虹灯、灯箱和泛光照明形成主夜景；中层用各具特色的标牌灯光、灯箱广告或霓虹灯形成中层夜景；底层用小型灯饰和显目的橱窗照明形成光的"基座"。再用变色、变光、动静结合的办法，把路面上的路灯融为一体，创造一个有机的照明整体，让人耳目一新。

②布灯的方向最好是垂直于行人视线，以保证足够的光线。

③针对街道入口的构筑物，如牌坊或街道小品及绿化等需进行单独照明设计，以塑造节点照明氛围。

④对于不同性质的商业街，应针对其具体特点，进行照明环境设计。如以动为主的商业、娱乐性步行街，以静为主的休憩性的滨水步行道等，都应有不同的照明特色。同时，商业街的照明环境，应充分考虑行人的要素，注意结合人体尺度。

（3）设计原则

①照明环境从整体到细节均应注重结合具体街道状况及两侧的建筑特点，形成各种不同风格的街道灯光环境。

②商业街照明环境的意义除满足人们的基本使用需求外，还在于激发街道上更多的活动形式，促进形成浓厚的街道生活环境。

③塑造一个欢快的、有趣味的夜景景观，以吸引更多的人群。

设计考虑的因素	软质景观	特征	植物的总体形状、高度、宽度、种类等
			叶子的特征（形状、色彩、密度、纹理等）
			枝干形式（闭合、开张、向上、向下）
			植物生长速度、季节变化
			生长的空间位置
		特点	所处环境的地形地貌
			植物的种类
			种植形式
			空间环境中的位置
			与硬质景观的关系
	硬质景观	特征	材质（种类、色彩、肌理、质感）
			形态（大小、高低等）
		特点	所处环境的地形地貌
			风格、特征
			空间环境中的位置
			个体与群体
			与软质景观的关系

表5-8 庭院照明设计所要考虑的因素
图5-64 庭院照明

3.庭院照明

（1）设计所要考虑的因素
参照下文附表（表5-8）。

（2）设计要点

①一般庭院的面积范围较小，有着安宁、幽静的特点，其照明方式应与之相匹配，常以安全为主的视线照明，一般自上方投射为宜，为避免眩光往往采取间接照明方式的汞灯照明器，或小功率高显色高压钠灯、金属卤化物灯、高压汞灯和白炽灯等。

②当沿街道或庭院小路配置照明时，应有诱导性的排列，如采用同侧布置灯位，庭院灯的高度可按其道路宽度的0.6（单侧布置灯位时）至1.2

倍（双侧对称布置灯位时）选取，但不宜高于3.5m。庭院草坪灯的间距宜为3.5~5倍草坪灯的安装高度。

③园林装饰照明是由灯光的亮度和冷暖对比而形成的艺术效果。照明器要与建筑、雕塑、树木等相和谐，使庭院显得幽静舒适*（图5-64）*。

4. 广场照明

城市广场是城市空间环境中最具公共性、最富艺术魅力，也最能反映现代城市文明的开放空间。现代城市的广场形式越来越多，其文化内涵越来越受到人们的关注与重视。按城市广场的性质和用途可分为：交通广场、纪念广场、市民广场和商业广场等。

照明作为广场不可忽视的环境要素，应以各种照明形式互相配合，根据环境特质、空间结构、地形地貌、环境设施的尺度质感等要素，以多样化的局部照明形成整体性的照明效果*（图5-65）*。

（1）广场照明要求

为使城市广场既有充足的光照，又有丰富多彩的照明结构层次，广场照明多以高、中、低柱杆式照明和地灯照明相互配合，根据不同性质的广场需要进行组织不同的光环境。具体应有以下几个层次：

①基本照明

能基本照亮广场内的环境设施，满足人们的基本活动，起到安全照明作用。

②照明的艺术化

在满足基本照明的同时，还需注重灯具本身的造型、投射的方式及手法，突出灯光艺术效果，给人以美的享受。

③灯光环境艺术

图5-65 各类广场照明

从总体到细部都经过精心灯光设计，并结合广场实际情况进行创新、有重点、有层次、有过渡地突出主题，在满足使用功能的前提下给人极大的精神享受，形成完美的广场夜间灯光环境。

（2）各类性质的广场照明

①交通广场

城市交通广场由于交通流量大，对照明的亮度和照度的要求相当高，在车辆使用效率高的地方，要使用显色性好的光源。如火车站中央广场因为旅客流动量大，其照明设施宜设置在广场中心的周围，以确保足够的照度。

交通广场的照明应以功能性照明为主，其照度应大于快速路的照明水平，根据各地设计较好的交通广场的照度，一般都在100lx左右。为了限制眩光的产生，应提高灯杆的高度，最好采用中心设置圆盘或圆球中高杆灯的方式，也可采用四周设置投射型中高杆灯方式。

②纪念广场

一般来说，纪念广场的照明设计要根据其空间特质进行组织，广场照明应着重考虑造型立体感、限制眩光、灯具灯型的视觉效果和色温、显色性等照明要素。

纪念广场的照明应有层次感，除重点构筑物要稍亮一些，其他地方的照度可控制在10lx以内。如对广场上的绿化、雕塑，可采用彩色金属卤化灯来投光装饰；对广场上的纪念碑、纪念塔和有纪念意义的雕塑，则适宜采用日光色卤灯和高压钠灯来作装饰照明，以显其庄重之感觉。

③市民广场

市民广场的照明要适合于人们的生理要求、安全要求和交往要求。要使进入广场的人们感到轻松、舒适、随意，并能做到避免不舒适眩光。要满足视觉方位的亮度，对广场的标识、指示牌的照度可略提高，帮助不熟悉周围环境的人确定方向。从安全和交往的角度出发，须保证在10m左右的范围内能识别他人面部或特征。

④商业广场

商业广场的照明设施设计与商业街的照明设施设计基本相同。

5．配景照明

配景照明是渲染夜间景物景色气氛的照明方式。配景照明主要包括树木和花卉等植物的照明、景观雕塑照明、水景照明以及一些临时性的营造景观照明等。

（1）树木、花卉等植物的照明

植物的照明方式要适应植物的姿态、叶色等，以重点突出植物的艺术形式美。

第五章 各类环境设施设计及运用

上＝图5-66　景观雕塑照明
下＝图5-67　水景照明

树木照明是根据树木的几何形状来布灯，必须与树的形体相适应。如灯光向下照射时，可在地上产生树影斑驳的效果。灯具装在树木的底部向上投射，可以获得奇幻缥缈的感觉。不同角度的分层次照明，可以造成深度感等。

地面上的花坛都是从上往下看的，一般使用蘑菇状的照明器。此类照明器距离地面的高度约为0.5～1m，光线只向下照射，可设置在花坛的中央或侧面，其高度取决于花的高度。由于花的颜色很多，所用的光源应有很好的显色性。

（2）景观雕塑的照明

景观雕塑照明是通过照明对作品的再次艺术加工，雕塑的夜景照明应根据雕塑的性质与特征而有所区别，如对于纪念性景观雕塑，应尽可能以原形象为基准，光线宜柔和、平实；对抽象雕塑或追求前卫风格的装置，照明手法可更自由，可使用夸张的投射光色（图5-66）。

一般来讲，景观雕塑的照明投光方向应与雕塑的正面保持一定角度，才能形成适当的立体感，通常采用左前、右前两个方向的投光方式，并保持一个为主光，另一个为辅助光。如果雕塑下面有一底座，照明器应尽量远一些，底座的边缘不要在雕塑的下侧形成阴影；如果雕塑位于人们行走的地方，照明器可固定在路灯杆上或装在附近建筑物上，必须考虑到对行人的视觉不要形成刺目的眩光。

同时景观雕塑的材质对照明效果有很大的影响，每种材料都有其特定的反射光特性，所以需根据不同的材料，选定合适的光源。如青铜质材的雕塑宜用高压汞灯进行照明，会取得良好的效果等。

（3）水景照明

水是无色透明的，由于光在水中有折射、反射、散射等方式，水景的投光照明器常使用红、蓝、绿、黄等滤色玻璃片形成彩色光源，利用色片的不同透射系数，使光束变化各异，来营造新型的水景景观（图5-67）。

用于水景照明的照明器可分为简易型和密闭型两种。其需采用具有

109

抗腐蚀作用和耐水结构，还要求照明器具有一定的抗机械冲击的能力。

　　静止的水面或缓慢的流水能倒影出岸边的物体。如果水面稍微有些波动，即可采用掠射光照射水面，获得水波涟漪、闪闪发光的感觉。照明器可安装在岸边固定的物体上，如岸上无法照明时，可用浸在水下的投光照明器来照明。如是喷泉、瀑布、水幕等的动态水景，其照明器应装在水流下落处的底部，光源的通光量输出取决于落水落下的高度和水幕的厚度等因素，也与水流出口的形状造成的水幕散开程度有关。踏步式水幕的水流慢且落差小，需在每个踏步处设置管状的灯。照明器投射光的方向可以是水平的也可以垂直向上。

6. 建筑装饰照明

　　城市空间的标志性建筑或古建筑常常是城市夜景装饰照明的重点，这对树立城市夜间形象、宣传和提高城市知名度、美誉度等均有着十分显著的作用。

　　在规划设计建筑物的夜景照明时，要分析它的性质、特征和周围的环境状况。为了创造远近观都满意的照明效果，可以用泛光灯、轮廓灯或内透光灯来表现整个建筑物的形态特征，配以特色灯光照明突出其特点。

　　对于高大的建筑物，可采用分层布光的泛光照明表现建筑外观造型。同时建筑物凸出凹进部分，可根据具体情况用局部照明来加强或减弱阴影，提高立体感，使造型更加丰富生动。并可使用现代照明的调光、调色手段，创造与建筑本身协调的色调，从而达到布光层次鲜明的艺术效果（图5-68）。

　　（1）建筑装饰照明的处理原则

　　①综合考虑灯具的投光特性、墙面的造型、材料质感、装饰色彩等

图5-68　建筑装饰照明

多种因素的影响。

②把装饰照明形式和建筑使用要求有机地结合起来。

③灯光使用应对整个环境照明和重点对象照明有所分工。要考虑白天和晚上不同的艺术效果。尤其是在白天，灯具也是建筑装饰的一部分，应考虑如何与其他装饰有机地联系起来。

④传统的灯具艺术形式应与现代照明技术、艺术条件相适应。

（2）建筑装饰照明的主要类型

①投光照明

投光照明是用投光灯以不同的角度直接投射建筑物的立面，重塑建筑物的夜间景观形象。

②轮廓灯照明

主要表现建筑物的轮廓和主要线条，常采用点光源以一定距离连续安装形成光带或用霓虹灯、串灯、导光管等线性灯具来勾画建筑物的轮廓线 *（图5-69）*。

③内透光装饰艺术照明

将光源隐藏在建筑构件中，并和顶棚、墙、梁、柱等建筑构件合成一体的照明形式，这种以间接光源的形式出现的照明方式的光线扩散性很好，可使整个空间照度十分均匀，阴影淡薄，甚至没有阴影，能消除直接眩光，并大大减弱了反射眩光 *（图5-70）*。

（3）建筑立面照明

上＝图5-69 建筑轮廓装饰照明
下＝图5-70 内透光装饰艺术照明

研究建筑立面照明方案，应首先掌握建筑物的立面特点，掌握不同位置落光时的理想角度，设计时可根据资料分析、模型试验或已有建筑物的观察，以及背景的对比和光色的陪衬作用等，这样才能做出最好的方案 *（图5-71）*。

建筑立面照明的设计要点：

①照明面的确定。建筑物照明究竟从哪个面照射为好，一般应以观看的几率高的墙面为照明面。

②照度的选择。照度大小应按照建筑物墙壁材料的反射比和周围亮度条件来决定，相同的照度照射到不同反射比的壁面上所产生的亮度也不同。为了形成某一亮度对比，在设计时还需对周围环境情况综合考虑。

空间·设施·要素
Space·Facilities·Element

图5-71 建筑立面照明

如壁面清洁度不高，污垢多，则需适当提高照度；如周围背景较暗，则只需较少的光就能使建筑物亮度超过背景；如与被照物临近的建筑物室内灯光晚上是开亮的，则需有较多的光投射到被照建筑物上，否则就无法突出效果。

③在进行建筑立面照明时，要充分利用建筑物的各种特点，或周围环境特点，如树木、篱笆、围墙、水池、人工湖等，创造良好的艺术气氛。

设计图例

空间·设施·要素
Space·Facilities·Element

图1 杭州西湖天地指示系统
图2 杭州西湖沿线板式标识
图3 杭州湖滨路上的标志牌,用青砖与玻璃、角钢制成,富于时代感和历史感
图4 仿古式水景标识
图5 杭州湖滨景区标识

设计图例

图1 利用涂有明快色彩的各式木板进行组合设计，使嵌在建筑物中的标志牌更加引人注目
图2 德国慕尼黑某博物馆入口处的人形标志牌
图3 杭州信义坊内某酒家的墙面标志
图4 杭州西湖沿线游览导线图，利用地面浮雕效果
图5 青岛啤酒百年纪念立体化标志，青铜用材与建筑环境相协调
图6 墨尔本展览中心，楼顶上仅用两根贯穿面板的支柱固定的标志牌腾空飞起，具有很强的视觉效果
图7 上海新天地内亚历山大会馆具有现代感的标志牌

空间·设施·要素
Space·Facilities·Element

图1 天津万科水晶城塔式钟楼
图2 日本大阪国际机场共享时钟
图3 俄勒冈会议中心的结构式时钟
图4 广州街头铜铸的世纪钟
图5 街头醒目的打车信息终端
图6 日本大阪国际机场候机大厅的信息显示牌
图7 杭州公交站点的电子路牌，可清晰地显示各个路线及线路
图8 上海南京路上具有多种功能的服务终端

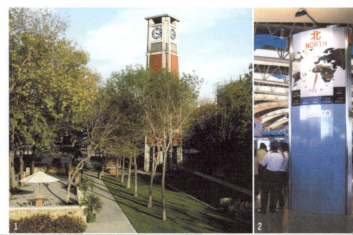

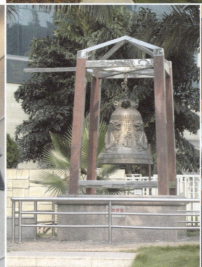

图1 杭州湖滨路上的电话亭,造型现代、功能便捷,体现了地域风格
图2 杭州街头形式新颖、色彩怡人的公用电话亭
图3 西湖沿线仿古亭式电话亭
图4 瑞士街头圆柱式电话亭,既显眼又具有较好的私密性
图5 西湖景区内依附式电话亭
图6 大连街头考虑周全、造型新颖的电话亭
图7 青岛某社区内公用电话亭

空间·设施·要素
Space·Facilities·Element

设计图例

左页：
图1　上海南京路上造型独特的服务亭
图2　上海南京路上与灯箱广告结合密切的售货亭
图3　上海南京路上柱亭式自动售货亭
图4　杭州西湖景区内的柜台式售货亭
图5　杭州西湖沿线内可移动式售货亭
图6　广州某社区内与围墙结合的宣传栏
图7　瑞士街头色彩醒目的邮筒
图8　大连街头仿古式邮箱

本页：
图1　德国慕尼黑某博物馆入口处造型新颖、形象生动的垃圾箱和烟灰缸
图2　造型简洁的分类垃圾箱
图3　与建筑室内环境相配的垃圾箱
图4　上海人民广场边兼具道路指示作用的垃圾箱
图5　日本大阪国际机场的分类垃圾箱
图6　不锈钢分类垃圾箱

空间·设施·要素
Space·Facilities·Element

图1 杭州街头利用色彩区分的分类垃圾箱
图2 建筑室内专供吸烟的区域
图3 西安大雁塔广场内反映场地文化环境的垃圾箱
图4 日本高速公路休息站内的饮水设施
图5 杭州西湖天地内具有自然趣味的用水设施
图6 杭州西湖沿线托盆式用水器
图7 不锈钢用水器
图8 瑞士街头的饮水设施,采用竹杆造型,具有自然、古朴的气息

设计图例

图1 广州人民广场上与环境相融合的公共厕所
图2 杭州西湖沿线的通风、采光较好的公共厕所
图3 能体现地方建筑风格的公共厕所
图4 日本东京上野公园环保公共厕所
图5 与道路铺装拼缝相协调的排水设施
图6 美国旧金山街道的鱼形排水装置,形象地告诫人们别往鱼身上倾倒污物
图7 采用与铺装材料同样大小的网点排水设施

121

图1 上海浦东道路边的停车处
图2 建筑空间前利用铺装分隔的停车处
图3 通过几何形的不锈钢柱分隔出的自行车停放处
图4 采用硬质铺装与软质铺装相结合的停车场
图5、6 独立式卡轮自行车架
图7 与种植器相配的路边自行车架
图8 建筑物地下层停车空间
图9 住宅前的独立式停车处

设计图例

图1、4 杭州花圃广场上的弧形台阶
图2 采用卵石与木格栅结合的道路分隔设施
图3 半圆环形石路障
图5 采用树篱分隔道路的设施,既美观又环保
图6 充分考虑残障人士的桥面台阶、坡道
图7 用铁链串连的石磙,既可起到分隔路面的作用,又能供人作短暂的休息
图8 具有看台功能的台阶
图9 杭州黄龙商务中心采用立体化的字母作分隔设施,具有强烈的视觉感

空间·设施·要素
Space·Facilities·Element

右页：
图1 瑞士公共汽车站点
图2 造型极具现代感的公交车站点
图3 与建筑风格协调一致的钢架玻璃楼梯
图4 形式古朴、自然的景区公交站点
图5 设计简洁、造型轻盈的公交车站点
图6 具有强烈透视效果的步行桥
图7 造型简单、色彩鲜艳的具有强烈视觉
　　冲击力的人行天桥
图8 日本东京国际广场具有现代工业气息
　　的钢桁架走廊
图9 绿化带中辟出的人行通道

本页：
图1、2、3、4、5、6、7、8、9 各式铺装

空间·设施·要素
Space·Facilities·Element

左页:
图1 路边的铁丝网状休憩凳
图2 人工与自然的结合——杭州西湖沿线的休息椅
图3 造型独特的休息凳
图4 镀锌钢椅
图5、7 沿路布置的休息椅
图6 日本街边的休息装置

本页:
图1、2、3 各式老年人健身设施
图4、7 儿童游戏场地
图5 儿童攀登墙
图6 铁制秋千架
图8、9 色彩鲜艳活泼的儿童游乐设施

图1 不同材质、图形效果组合的围墙
图2 水泥制作的仿竹杆纹理围墙，具有很强的肌理感
图3、4 与建筑风格协调的围墙
图5 半通透的围墙，砂岩的用材打破了墙面的单调性
图6 围墙与绿化、水体的配合，软化了墙体本身的视觉效果
图7 钢架、玻璃的地铁入口
图8 色彩亮丽、造型独特的建筑入口
图9 以通透的界面围合成的烟台地下广场入口
图10 上海新天地用彩色琉璃砖制作的店面入口
图11 生动、温馨的别墅大门
图12 纽约曼哈顿区某建筑的圆柱形入口，具有很强的标识性

设计图例

图1 建筑感很强的休息亭
图2 仿古式六角石制凉亭
图3 园林路边的木制伞亭
图4 科罗拉多大峡谷旅游休息会所内的展示用长廊
图5 与建筑构件相结合的挑廊
图6 苏州工业园内既有分隔景色又能供人休息的长廊
图7 纽约曼哈顿区膜结构的天桥构架篷
图8 造型夸张的遮阳篷,成为整个空间的焦点
图9 巴黎德方斯大拱门下巨大的装饰篷,柔化了规整的建筑形体

129

空间·设施·要素
Space·Facilities·Element

图1 红色的几何构架,成为环境的视觉焦点
图2 叶状的构架,增强了空间环境的趣味性
图3 梭形的柱架围合出的休息区
图4 杭州花圃内的柱架,成了空间联系的纽带
图5 1995年建成的乌特勒支VSB公司绿篱花园内的波浪形人行桥,极大地丰富了整个环境的气氛
图6 杭州花圃内木制小桥
图7 铺砌规整的亲水面桥,显得干净、温馨
图8 西湖景区内的石砌小拱桥,成为园路中的节点景观
图9 莫斯科某超市顶棚上色彩丰富的装饰灯具
图10 日本机场大厅内景
图11 上海博物馆中庭内楼梯的结构,成为室内一道景观

设计图例

图1 莫斯科中心广场水景及雕塑
图2 具有透视规则的绿化与水景
图3 杭州北山路的亲水休息平台
图4 极具园林风格的庭院流水设计
图5 空阔的漫流水面
图6 江南园林的水榭
图7 芬兰建筑师阿尔瓦·阿尔托设计的玛利亚别墅花园
图8 平静的水面投影出建筑立面，形成漂亮的画面效果

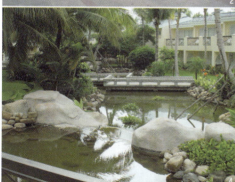

设计图例

左页：
图1 上海新天地入口的落水设计，利用黑色花岗岩和玻璃的组合，产生强烈的光感
图2 红色墙上的水口向下喷落瀑布，打破简单几何形的庭院宁静，给予观者清凉之感
图3 通过不同色彩、材质的石材，组成丰富的落水效果
图4 规则、平静水域内的喷水
图5 如诗的喷水景观

本页：
图1、2、5 各式树池造型
图3 杭州西湖边可移动的种植器
图4 花架式种植器
图6 汉白玉材质的种植器，其纹样反映着地方文化背景
图7 利用小木条围合的保护树木的防护设施
图8 上海世纪公园内废物利用——"船"形的种植器

空间·设施·要素
Space·Facilities·Element

图1　几何形的庭院绿化设计
图2、3　种植成一定图形的花坛
图4　苏州工业园内图形感很强的广场绿化
图5　巴黎雪铁龙公园中倾斜式草皮设计

图1 娱乐性壁画
图2 与建筑外观结合产生虚拟效果的青岛台东商业步行街壁画
图3 荷兰阿姆斯特丹美术馆的装饰壁画
图4 杭州南山路上独立式的灯箱广告
图5 与建筑外观统一考虑的灯箱广告
图6 悬挑式的店面灯箱广告
图7、8 杭州延安路的路牌广告

空间·设施·要素
Space·Facilities·Element

图1 日本东京的用字母排列组织的视觉冲击强烈的商业橱窗效果
图2 商场内造型夸张、色彩眩目设施展示
图3 上海南京路上利用立体字体的设施广告
图4 上海南京路上卡通POP广告
图5 营造喜庆气氛而临时搭建的小建筑
图6 必胜客门前的小红帽似的立体POP
图7 美国拉斯维加斯街头大幅的商业广告
图8 纽约图书馆墙外为迎百年庆典而悬挂的横幅

设计图例

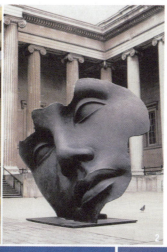

图1 充满趣味性的石刻雕塑
图2 英国大英博物馆广场上的雕塑
图3 黑色角铁的构架装置与远处亮色建筑形成强烈的视觉对比
图4 巴黎德方斯广场上造型奇特的抽象景观雕塑
图5 纽约曼哈顿区广场上的雕塑
图6 红色的抽象雕塑成为整个建筑空间的亮点
图7 美国纽约的铜制雕塑——"球中之球"

空间·设施·要素
Space·Facilities·Element

图1 与街钟、喷水结合的抽象雕塑
图2 杭州西湖边与真人等大的反映生活场景的雕塑
图3 瑞士日内瓦园林雕塑,像倒插入地的羽毛,亲切、自然
图4 大连市民广场绿化带上反映运动场景的景观雕塑
图5 白色洁净的母女雕塑,造型尺度宜人,显得温馨、可爱
图6 丰富水面的景观雕塑,极为生动、有趣

设计图例

图1　日本东京街头具有指示功能的景观装置
图2　杭州武林女装街雕塑，充分符合了场所性质
图3　杭州西湖景区为纪念马克·波罗而设的雕像
图4　街头色彩醒目的城市装置
图5　英国伯明翰市政广场的纪念雕塑
图6　这是20世纪80年代德国一位78岁的老太太的作品，取材于期待两德统一，它成了德国民族心愿冲破唯意识形态桎梏的见证

139

空间·设施·要素
Space·Facilities·Element

图1 高速路上的交通岗亭
图2 杭州西湖景区内管理岗亭
图3 广州某小区内与建筑风格协调的值班岗亭
图4 用标识性很强的铁架保护消防栓
图5 道路两侧的驳岸防护设施
图6 纽约曼哈顿区广场上红色的消防设施
图7 木制百页式室外空调机的保护箱

右页：
图1、2、3 各种道路安全标识
图4、5、6 无障碍设计

设计图例

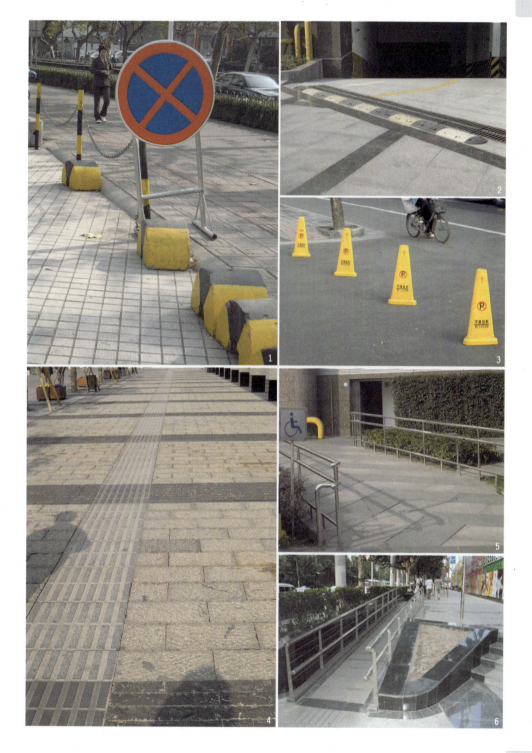

141

空间·设施·要素
Space·Facilities·Element

图1 上海南浦大桥夜景照明
图2 道路夜景照明效果
图3、4、5 商业街的多层次照明效果

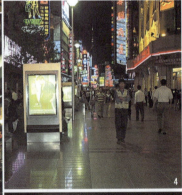

设计图例

图1 幽静、梦幻的庭院照明
图2 广场夜景照明效果
图3 霓虹灯编织的丰富多彩的照明效果

空间·设施·要素
Space·Facilities·Element

图1 喷泉与灯具照射的效果
图2 通过投射灯和轮廓灯塑造的建筑效果
图3 配景照明效果
图4 帆布篷在灯光照射下的另一番意境

设计图例

图1 上海新天地内用灯光塑造的建筑入口
图2 在冷暖两色灯光的照射下的桂林日月塔
图3 室内灯笼状灯具
图4 建筑标牌的夜景照明效果

145

空间·设施·要素
Space·Facilities·Element

设计图例

图1 上海外滩迷人的夜景
图2 诗情画意的照明效果
图3 上海城市规划馆的夜景效果
图4 上海浦东热闹非凡的夜景,在黄浦江的倒映下成为一道亮丽的风景线

参考文献

1. 扬·盖尔（丹麦）著、何人可译. 交往与空间. 北京：中国建筑工业出版社，2002，10
2. 丰田幸夫（日）著、黎雪梅译. 风景建筑小品设计图集. 北京：中国建筑工业出版社，1999，6
3. 高祥生、丁建华、郁建忠编著. 现代建筑环境小品设计精选. 南京：江苏科学技术出版社，2002，6
4. 束晨阳编著. 城市景观元素·1—国内篇. 北京：中国建筑工业出版社，2002，2
5. 汤重熹、熊应军编著. 城市公共环境设计3：公共交通、照明及管理设施. 百通集团 新疆科学技术出版社，2004，12
6. 韩巍、刘谦著. 室外景观艺术设计. 天津：天津人民美术出版社，2003，8
7. 王胜永主编. 室外小环境设计. 北京：中国电力出版社，2004，3
8. 邵龙、赵晓龙著. 走进人性化空间—室内空间环境的再创造. 河北美术出版社，2003，8
9. 任仲泉著. 城市空间设计. 济南：济南出版社，2004，2
10. 姚时章、蒋中秋编著. 城市绿化设计. 重庆：重庆大学出版社，2000，1
11. 梁展翔编著. 室内设计. 上海：上海人民美术出版社，2004，6
12. 席田鹿编著. 设计原理. 辽宁美术出版社，2004，1
13. 张展、王虹编著. 产品设计. 上海：上海人民美术出版社，2002，1
14. 何晓佑著. 设计问题—设计方法教程. 北京：中国建筑工业出版社，2003，12
15. 北京照明协会、北京市政管理委员会编. 城市夜景照明. 北京：中国电力出版社，2004，12
16. MINKAVE城市灯光环境规划研究所编. 21世纪城市灯光环境规划设计. 北京：中国建筑工业出版社，2002，2